◆幼儿园教师必备丛书·第三辑

幼儿教师
六项教学技能指导

幼儿园小班适用

张洪梅◎编著

上海科学普及出版社

图书在版编目（CIP）数据

幼儿教师六项教学技能指导 / 张洪梅编著. -- 上海:
上海科学普及出版社，2018.9（2023.12重印）
（幼儿园教师必备丛书. 第三辑）
ISBN 978-7-5427-6886-5

Ⅰ. ①幼… Ⅱ. ①张… Ⅲ. ①学前教育－教学参考资料 Ⅳ. ①G613

中国版本图书馆CIP数据核字(2017)第094090号

责任编辑　李　蕾

幼儿园教师必备丛书·第三辑

幼儿教师六项教学技能指导

张洪梅　编著

上海科学普及出版社出版发行
（上海中山北路832号　邮政编码200070）
http://www.pspsh.com

各地新华书店经销　山东博雅彩印有限公司印刷
开本787 × 1092　1/16　印张100　字数800 000
2018年9月第1版　2023年12月第3次印刷

ISBN 978-7-5427-6886-5　定价：298.00元（全10册）

前言

近年来，随着教育事业的飞速发展，幼儿教育的问题也越来越引起人们的关注。如何顺应现代化社会主义建设的需要，恰当地做好幼儿教育工作就显得格外的重要。教育的改革需要从理论到实践，从观念到行为。作为幼儿教师，掌握相应的技能，得心应手地运用各种教育方法，促进幼儿身心教育的全面发展是幼儿教师的首要任务。

随着课程改革的深入，人们也逐渐地认识到“整合课程”不是一种形式，更不是一个目的，而是让课程内容对幼儿来说变得更容易理解，更有意义的手段。在这种情况下，课程游戏化、生活化，研究性学习、支架式教学等概念相继出现，并成为课程改革的核心观念。“整合课程”的内涵发生了重大变化，“说一下、算一下、唱一下、画一下”式的简单拼凑整合日渐式微；注重幼儿主体地位的、以项目形式展开的研究性学习逐渐发展成为幼教工作者的追求。

如何做好“整合课程”？这就需要幼儿教师不断加强教育技能的培养，明确教师在教育过程中的作用，理解什么是幼儿园教师必备教育技能，并熟练掌握、运用教育技能。

幼儿园的教育任务明确指出：“要促进幼儿德、智、体、美及身心和谐发展”。本书以幼儿全面发展教育中的德、智、体、美、为主线，以幼儿教师六项教学技能为指导核心，根据幼儿的不同发展情况，顺应现代化社会主义建设的需要，从而使教师适应新课程的要求，努力提高自身素质，以自己的能力为幼儿的全面发展奠定坚实的基础。

目录

目录

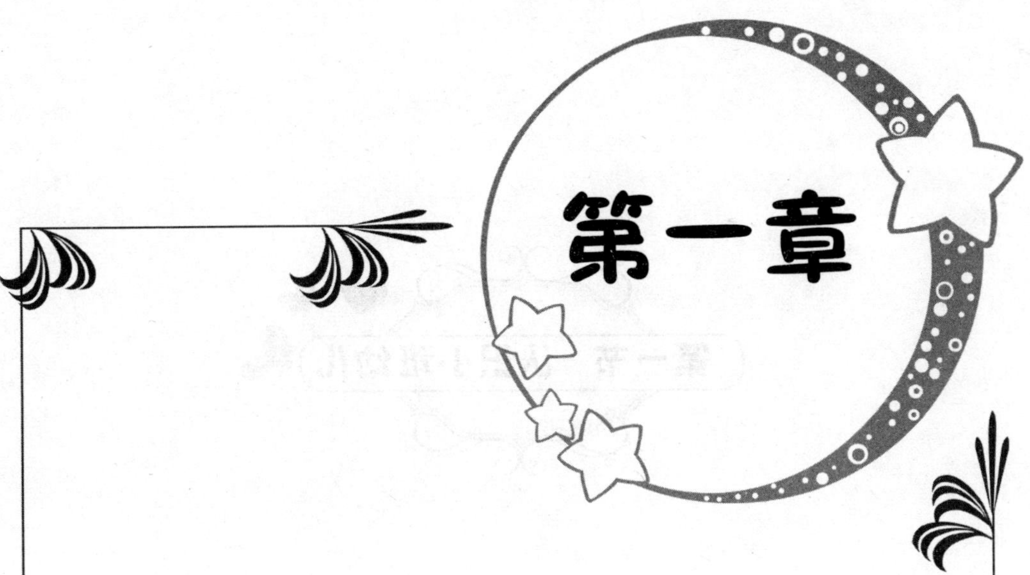

第一章

幼儿年龄特点概述

第一节 认识小班幼儿

小班幼儿一般都在三周岁左右，这一阶段的幼儿往往有着明显的特征表现，了解这些特征表现有助于老师对幼儿有更多的了解，从而正确而有效地引导幼儿进入学习环境。

一．强烈的好奇心，同伴关系的发展

这一时期的幼儿对新鲜的事物、情景和新的问题有浓厚的兴趣，能以认真的态度对待成人教他做的事，并且有试着做的愿望。这些能力的发展是这一时期幼儿接受教育的最好条件。这一时期的幼儿的交往关系已不限于母亲和亲人之间，而是扩展到和同伴的关系上，他们很愿意和小朋友在一起玩，也愿意管别人的事。

二．由行为和动作引起思维活动

大量观察研究发现，这一时期的幼儿总是先做后想或是边做边想，而不能做到想好后再做。这一时期的幼儿听故事时，喜欢伴有动作表演，边看边演，边看边听，这些特征都是思维活动与动作不能分离的表现。

三．行为受情绪支配

这一时期幼儿的心理活动易受情绪支配，让幼儿感兴趣的事物或活动就会激发其积极的情绪，从而更有参与活动的积极性。这一时期的幼儿有强烈的依恋情感，他们知道要上幼儿园了，但情感上却舍不得离开家人，会有大哭、拉着手不放、不许亲人离去等表现。这是幼儿情感发展在这一时期的一种正常表现，可以通过家长和幼儿园双方的共同努力，慢慢地帮助幼儿消除与亲人分离的焦虑情绪。

【活动参考】

缓解幼儿的分离焦虑

【活动形式】

集体讲座

【重点领域】

语言、社会、健康、艺术

【活动目标】

减轻孩子的入园焦虑

【活动过程】

1. 同孩子接触产生亲近感，减少陌生感

在幼儿耳旁叫一声乳名:“×× 早，你真乖！让老师抱抱你。”抱一抱，亲一亲，唤一声，会使幼儿倍感亲切。

2. 尽量满足孩子的一切合理要求

如孩子喜欢什么样的游戏，喜欢玩什么玩具，喜欢和谁做朋友，能让他们做的事情，尽量让他们去做，并在其行动中尽量能给予表扬和鼓励，孩子一旦受到表扬，就会很高兴，也会顺从老师的教育。

3. 暂时允许幼儿带一两件自己喜欢的物品。

手里拿着自己熟悉的东西，孩子会有一定的安全感。

4. 合理安排幼儿入园活动

在一日活动中开展多种多样、生动有趣、富有吸引力的活动，

不仅使幼儿在这些活动中获得愉快的情绪体验，逐渐产生对幼儿园的依恋情绪。

5. 小小礼物，亲近表扬

在离园前表扬幼儿能够高高兴兴入园学习，给他们奖一个贴花，告诉他们明天还要高高兴兴来园。在家长接孩子时，表扬孩子如何进步、鼓励他继续发扬等。

第二节 做好迎接幼儿的准备

小班的幼儿入园是幼儿园阶段比较困难的一个过程，大部分幼儿脱离家庭关系开始向更多的社会关系靠拢，初次到幼儿园必然会有很多不适宜的情况，这种不适应会直接的反应在幼儿的情绪上，幼儿会出现哭闹、不说话、焦虑等多种情绪。这个时候，做好迎接幼儿的准备工作就十分关键了。

一.饱满、积极、热情、乐观的态度

幼儿园对初次入园的幼儿来说，是个相对陌生的环境。幼儿会表现出很多排斥的情绪，这个时候教师要用饱满、积极、热情、乐观的态度去引导幼儿接受新的环境。用笑脸迎接幼儿，用笑容传达善意，让幼儿慢慢地接受教师、接受新伙伴。

二. 充分发挥语言的魅力

语言是人和人沟通的桥梁，语言的魅力更是在人和人沟通之中发挥极其重大的作用。所谓语言有两种，一种是肢体语言，一种是我们日常经常说的话。

肢体语言，是指通过头、眼、颈、手、肘、臂、身、胯、足等人体部位的协调活动来传达人的思想，形象地借以表情达意的一种沟通方式。通常人们在说话往往是肢体语言最先体现出来。教师在面对幼儿的时候，最好的肢体语言就是真挚的目光和热情的拥抱。在和幼儿说话的时候，眼神一定要柔和，注意目光的对视，让幼儿在教师的眼神中体会到在乎，觉得自己受到重视，在心里潜意识形成一种归属感；结合拥抱这一肢体语言让幼儿感受到教师的热情和温暖，让孩子卸下心防。

其次，多说话。教师和幼儿多沟通，多交流，除了是在用自己的言行举止引导幼儿以外，还能让幼儿在头脑里对教师有一个深刻认知。比如，教师在面对幼儿的时候多打招呼，多询问，多交流，时间久了，幼儿会觉得亲近、熟悉，渐渐将老师当成家人般的存在。教师在和幼儿说话的时候要注意语气。态度决定语气，语气拉近距离。同时，对幼儿多一些夸赞，而且是多一些有针对性的夸赞，能让幼儿从老师的夸赞中找到自信。

【活动参考】

参观幼儿园

【活动形式】

集体、区域、日常

【重点领域】

语言、社会、健康、艺术、科学

【活动目标】

1. 熟悉幼儿园环境，简单了解园长室、保健室、食堂、安全保卫室等场所的功能。

2. 学习和幼儿园的园长、老师、工作人员打招呼。

【活动过程】

1. 提前和园长室、保健室、安全保卫室等部门的负责人联系，做好接待幼儿参观的准备。

2. 拍照准备

(1) 老师带领幼儿有序、有礼貌地参观幼儿园的园长室、保健室、安全保卫室、大型玩具区等场所，帮助幼儿了解各个场所的不同用途，教师随时拍照。尝试让幼儿和每个工作岗位的人员打招呼，问好。

——园长好！

——园长室里有什么呢？（桌子、椅子、电脑）

——园长在园长室里干什么呢？

——这是我们的保健室，这里的叔叔阿姨可以让小朋友更健康。

(2) 回到教室，组织幼儿看照片并进行交流。

——刚才你看到了幼儿园的哪些地方？

——你最喜欢哪里？

——见到叔叔、阿姨时，你是怎样打招呼的？

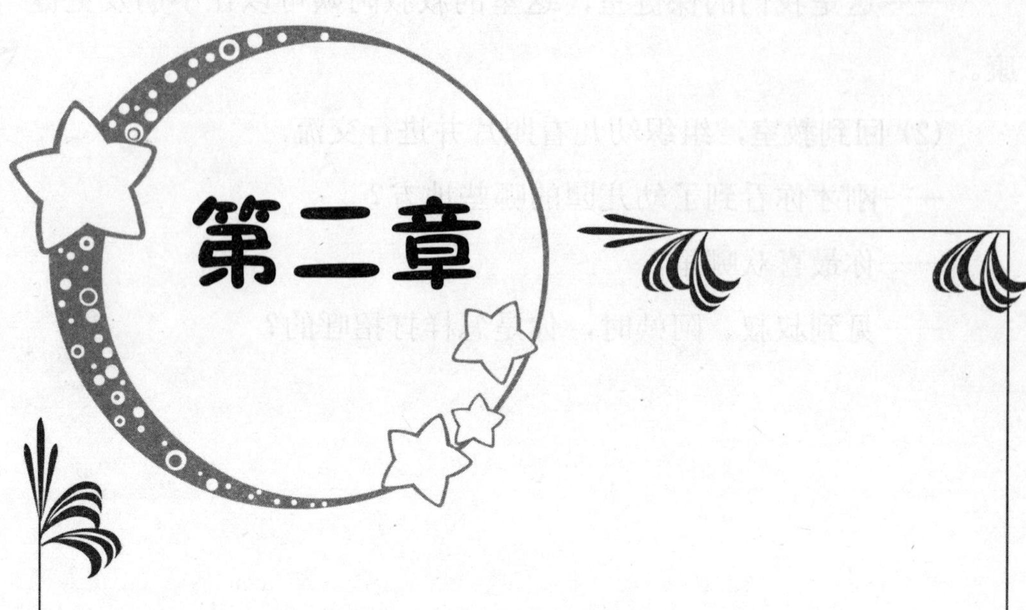

第二章

创设与教育相适应的环境

第一节 创设能吸引幼儿的教室环境

好的教室环境能更好地吸引幼儿的兴趣，让幼儿能更积极的投入教育活动中来。创设教室环境，首先要考虑整体环境是否符合幼儿的兴趣。

通常幼儿园主体都是以凸显童趣为主的，从幼儿园的外景到幼儿园墙体、楼梯都采用各种不同的颜色和卡通图案。

其次，教师要考虑的是教师所创设的幼儿教室环境是否能让幼儿有选择性，能否吸引幼儿的注意，空间大小是否能满足幼儿的活动需求，这些问题都能影响幼儿的状态和行为。小的、温馨的教室环境能让幼儿喜欢幼儿园，喜欢教学活动，促进同伴互动，让幼儿有更出色的表现。

教室需要按功能划分不同的区域，在设计划分时要注意其合理性，不能杂乱无章。比如游戏区需要一个相对宽敞的空间，生

活区一般是幼儿吃饭、睡觉的地方，这两个区域需要隔开一定的距离。

一．活动区

活动区是幼儿室内活动的场所，它与集体教学活动息息相关。幼儿和教师在这个区域完成幼儿教学的主要任务。

·确保此区域的所有工具的清洁，并定期清理。

·确保此区域的所有工具都是安全的，不能出现有伤害性的东西。

二．美工区

这一区域也承载了幼儿教育的主体教育活动，由于这个区域的特殊性，建议将美工区安排在离水源比较近的地方和便于清洁的地板上。合理规划画画、材料、展示区。

三．阅读区

·将阅读角安排在光线比较好的地方。

·经常翻看图书以检查是否需要修补。

·定期增加新书以保持幼儿的兴趣。

·把书的封面展示出来，刺激引导幼儿对图书的兴趣。

四．玩具之家

- 确保道具的干净整洁。
- 针对班级学习内容增加学习道具。
- 考虑有效的道具，增加幼儿的游戏体验。
- 鼓励幼儿进行表演活动。

第二节 制定幼儿活动规划

一．幼儿一日活动时间表

8：00——8：10 洗手和如厕

8：10——8：30 早饭时间

8：30——9：30 教学活动

9：30——9：40 洗手和如厕

9：40——10：00 课间操

10：00——10：20 加餐时间（准备水果）

10：20——10：30 整理时间

10：30——10：50 故事时间

10：50——11：00 如厕

11：00——11：40 户外活动（建议进行运动量较小的活动）

11：40——11：50 同伴交流活动

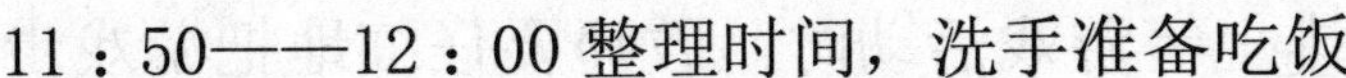

11：50——12：00 整理时间，洗手准备吃饭

12：00——12：30 午饭时间

12：30——12：40 洗手如厕

12：40——14：10 午睡时间

14：10——14：20 洗手如厕

14：20——15：00 教学活动

15：00——15：15 眼保健操

15：15——15：30 加餐时间

15：30——16：00 美术活动

16：00——17：00 幼儿离园

二．制定班级规则

（1）遵守课堂秩序

（2）遵从老师引导

（3）关爱同伴

（4）不做危险的活动

三．活动规则规则

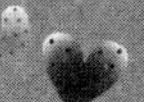

这一时期的幼儿自我约束能力较弱，教师在教学活动中要将规则尽量细化，并向幼儿反复说明，让幼儿通过教学活动了解规则意识。

做围圈、排排坐等游戏活动时，教师要仔细地把游戏步骤和游戏规则讲解给幼儿听，让幼儿理解游戏内容，掌握游戏规则，这样才能更好地参与和完成游戏活动。活动同时可以配以音乐伴奏，教师要在活动中不断反复地讲解和引导。

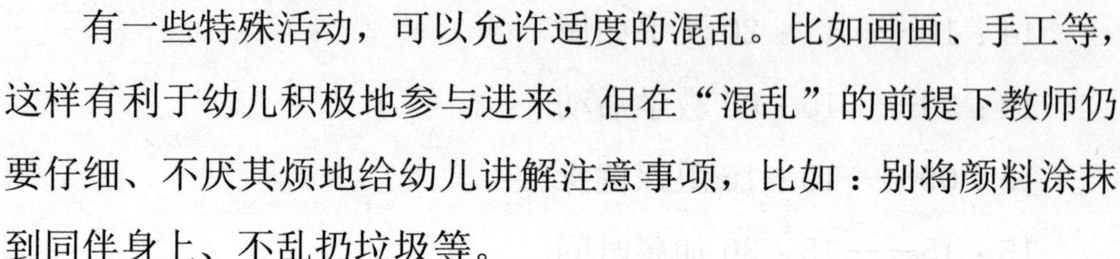

有一些特殊活动，可以允许适度的混乱。比如画画、手工等，这样有利于幼儿积极地参与进来，但在“混乱”的前提下教师仍要仔细、不厌其烦地给幼儿讲解注意事项，比如：别将颜料涂抹到同伴身上、不乱扔垃圾等。

第三节 创设优良的精神环境

为幼儿创设一个优良的精神环境，有利于幼儿的身心发展。精神环境往往比物质环境更重要，假如说物质环境是培育幼苗的土壤，那么精神环境便如同水与阳光。

1. 教师亲切的教育态度是诱发幼儿良好情绪的情感纽带，幼儿只有在良好的情绪环境下，才能够更主动地投入到良好的教育活动中去。

2. 要善于观察幼儿的兴趣，在偶发性活动中引导幼儿自己寻找问题的答案，注重随机教育，同时培养幼儿的探索精神。

3. 热爱幼儿，尊重幼儿。教师对幼儿的爱让幼儿更有安全感，也能更好地适应幼儿园的生活，学会与同伴、教师交流，形成活泼开朗的性格。尊重幼儿，要求教师充分尊重幼儿的人格，尊重幼儿的情感和尊重幼儿的兴趣爱好，还要尊重幼儿的个性。

4. 创设幼儿与教师良好的气氛。教师对待幼儿的情感、态度

和其自身的榜样影响是巨大的。教师在与幼儿交流中要注意满足和接受幼儿的各种选择和需要，另外，在与幼儿的交往中教师要尽量采用多种适宜的肢体语言与幼儿交往，如爱的抱抱，鼓励的眼神，摸头安抚等。在幼儿的活动过程中，教师以引导组织或者朋友身份参与活动，建立良好的幼教关系，达成相互“理解”。

5. 营造一个有利于幼儿科学素质培养的环境。首先，教师要注意解放思想，克服过多控制的现象，给幼儿自己动手动脑学习的机会。其次，教师要为幼儿创造活动的条件，鼓励幼儿积极参加其中，并发现幼儿能力的个别差异，以便因材施教。最后，教师要坚持由易到难，由少到多、由简单到复杂的逐步过程，既不要操之过急，也不能要求过高。

6. 让幼儿理解自身的位置。幼儿是集体的一员，在其发展的过程中也是集体的一部分，让幼儿为集体着想，知道是集体中的一员。

【活动参考】

我们的全家福

【活动形式】

集体、区域、日常、亲子

【重点领域】

语言、社会、健康、艺术、科学

【活动目标】

1. 让幼儿和同伴之间相互认识
2. 建立融洽的班级活动氛围
3. 让家长对幼儿有进一步的了解

【活动准备】

拍照设施、准备一块照片墙、提前邀请家长

【活动过程】

1. 准备所有小班小朋友的照片。

2. 将照片打乱，发到各个幼儿的手中。让幼儿和家长共同协作，将手里的照片贴在相应班级的全家福照片墙上，并在空白处写上幼儿的名字。

3. 幼儿之间自我介绍，然后给出幼儿彼此认识的时间。

4. 教师说名字，幼儿找同伴，家长可给出提醒。

5. 准备另一份照片和名单，家长和幼儿回家继续练习。

【活动总结】

这个活动连续性时间比较长，让幼儿记住伙伴的名字不是一

朝一夕的事情，尤其是对刚刚上小班的幼儿。举办这种活动建议在幼儿入园后一周进行。

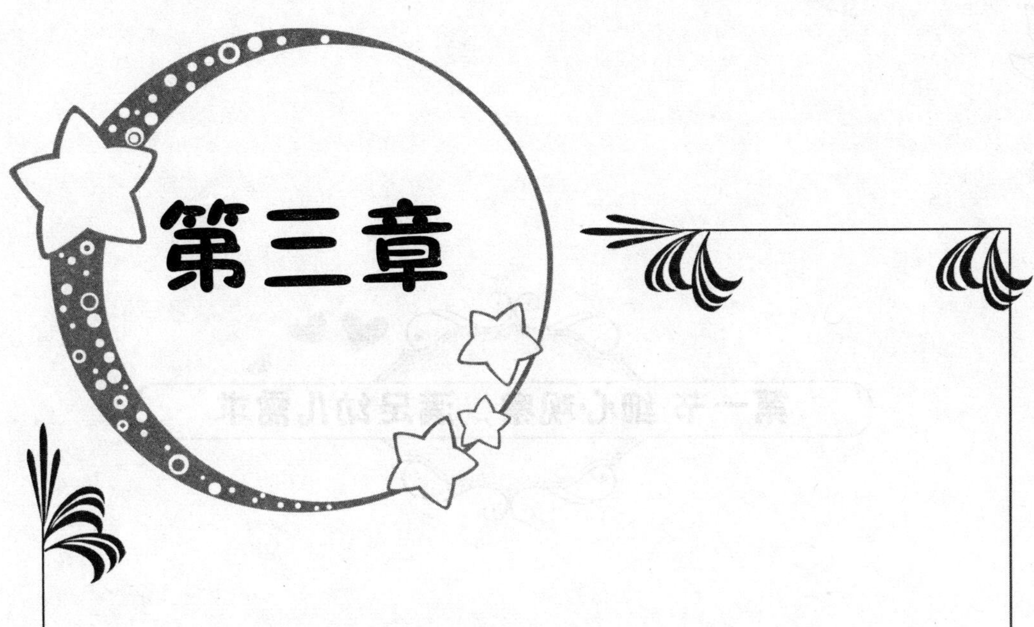

第三章

因材施教，促进幼儿个性发展

第一节 细心·观察，满足幼儿需求

教师在教学活动中需要专心致志地做好每一件工作，事事观察，处处留意细节。只有细心观察，了解幼儿的表现和需求才能更好地理解和参与到幼儿的世界当中，才能为有效有秩序的教学活动提供良好的基础环境。

1. 通过参与到幼儿的实际生活中观察幼儿的行为和活动，了解幼儿与幼儿之间，以及各种事件相互之间的关系。通过这些关系，正确地理解幼儿的行为，更好地促进其发展。

只有我们正确地理解幼儿，才能将各项措施落实到位，也能更好的为幼儿营造一个相对良好的精神环境，让幼儿在教学活动中找到自我归属感。

2. 教师在教育活动中要注意营造良好的学习氛围。最主要的是营造平等友好的氛围，鼓励幼儿大胆发言，参与活动，锻炼幼儿在活动中的积极性，给幼儿树立良好的自信心。

【活动参考】

传球说暗号

【活动形式】

集体、区域、日常

【重点领域】

社会、健康、艺术、科学

【活动目标】

1. 熟悉同伴的名字

2. 在游戏中展示自己

3. 使教师对幼儿有一个初步的了解

【活动准备】

1. 皮球若干

【活动内容】

1. 活动之前，教师先引导幼儿学会介绍自己，会使用“我的名字叫 ×××，我今年 × 岁了，我喜欢 ×××。”鼓励幼儿自行发挥。

2. 递球游戏

（1）幼儿站成一个大圆圈，教师在圆心和幼儿做递球游戏，接到球的幼儿向大家介绍自己。

教师：你们喜欢玩球吗？我们今天来玩一个传球的游戏，球递给谁，谁就向大家介绍一下自己。

老师（示范）：我的名字叫 ×××，我今年 × 岁了，我喜欢 ××，希望大家喜欢我。你们也可以随意发挥，但是一定要说出自己的名字。

（2）在幼儿相互熟悉同伴的名字之后，老师退出，幼儿站着围成一个大圆圈，再做递球游戏。

幼儿 A 说出幼儿 B 的名字，倘若没说对就给被说错名字的小朋友一个拥抱，两个小朋友重新介绍自己相互认识，递球继续。

（3）一圈结束之后，大家重新站圈圈将刚才所站的位置变换一下继续递球游戏。

3. 滚球游戏

幼儿围坐成一个大圈，教师坐在圆心和幼儿做滚球的游戏。老师示范滚球的方法：接到球的小朋友说出一个朋友的名字，如，我的好朋友叫 ×××，然后把球传给对方，教师在旁边及时指导。如果球滚出圈外，老师帮忙把球捡回来。

教师：滚球的时候要对准你的朋友，用力不要太大，也不要太小。太大就会把球滚出去，太小的话，好朋友就接不到球了。

总结：

传球说暗号，是一个让幼儿之间有一个进一步了解的活动。在这个过程中让幼儿既能参与游戏，通过游戏了解同伴，认识和寻找更多的朋友；又能在游戏活动中让老师观察幼儿的一些基本情况，比如身体灵敏度、表达能力、记忆力等。本次活动需要注意的就是所用的球不宜太大或太重，以免在玩的时候发生危险。可以在晨间锻炼的时候让幼儿多玩几次传球游戏，给幼儿机会多加练习。

第二节 鼓励幼儿的自主愿望

三岁左右的幼儿已经具有强烈的自主愿望，这个时期是幼儿的主动性和独立性的第一次闪耀光芒的时期。这个时期的幼儿能学习并掌握一些基本的生活自理能力。

1. 自己的事情自己干。

幼儿力所能及的事情不过多干涉，并鼓励孩子积极主动的学习参与。比如说幼儿自己吃饭，自己穿衣脱衣，自己整理自己的玩具。

2. 尊重幼儿的自主愿望，允许幼儿做事过程中的不完美。

针对具体情况，教师在这一活动中正确的引导，帮助幼儿树立自信心。

3. 当幼儿出现消极情绪时要了解具体情况并及时进行针对性疏导。

4. 鼓励为主，不提高要求，并给予适当指导。

多用一些鼓励性语言，比如说“你做的真好”，“衣服是你穿的吗？真棒！”

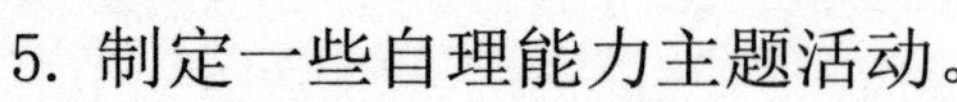

5. 制定一些自理能力主题活动。

【活动参考】

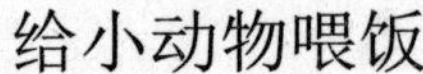

给小动物喂饭

【活动形式】

集体、区域、日常

【活动领域】

角色、语言、益智、美工、构造

【活动目标】

练习准确的使用勺子

【活动准备】

勺子若干把

【活动过程】

1. 将废旧纸盒挖洞，制成幼儿喜欢的动物“嘴巴”，用各种豆子当作动物的“食物”。

2. 幼儿选择自己喜欢的小动物来喂饭。教师可以引导幼儿与小动物交流。如：“xxx，今天是 xxx 饭，可好吃了，今天我来给你喂饭吧。”

3. 幼儿用勺子舀“食物”送到小动物的嘴巴里。

【活动总结】

活动过程中，教师要指导幼儿正确使用勺子，也可以通过引导告知幼儿好好吃饭对身体好。

第三节 促进幼儿的语言水平

完整幼儿语言教育包括听、说、读、写四部分，小班幼儿在这一时期主要以听、说、读为主。让幼儿感知外界的美好，学会发自内心的表达情感，通过观察将外界的讯息转化成自己的信息。

听、说、读需要协调发展，才能更好地促进幼儿的语言发展。

1. 语言活动内容

（1）故事教学

童话故事、寓言故事、神话故事、笑话等。

（2）诗歌教学

儿歌、古诗、顺口溜、谜语、绕口令。

（3）其他教学

散文等教学方式。

2. 听的技能

（1）认真倾听孩子的话，引导孩子认真、主动倾听周围的世界。

（2）为幼儿提供互相倾听的机会和时间，让幼儿在对话聊天的过程中学会耐心地倾听同伴的表达、讲解。

（3）不要急于纠正幼儿表达不准确的地方，让幼儿先在不断地听的过程中逐渐地掌握说的方法。

3. 让幼儿学会说和读

（1）创设幼儿勇敢表达，有话就说的语言环境，比如情景模拟、过家家、我家来客人等活动。引导幼儿广泛地接触自然、社会，开展丰富多彩的、生动有趣的活动，不断丰富幼儿的各种经验感受，让幼儿能够积极主动地表达自己的想法。

（2）利用文学活动培养幼儿的语言表达能力。可以通过故事教学、诗歌教学，以及其他多种多样的教学方式。

（3）通过设计、提出问题让幼儿根据自己的认识提出相应的观点，让幼儿有话可说。

（4）在引导孩子语言表达时，教师不要过多地纠正幼儿，允许幼儿语言中的不完善。幼儿表达完后，教师适时做出引导，让幼儿学会更准确地表达自己的思想和情感。

【活动参考】

小乌龟和朋友们

【活动形式】

区域、集体、日常

【活动区域】

语言、角色、建构、益智、美工

【活动目标】

1. 熟悉故事，充分理解故事内容

2. 能运用纸偶表演故事

【活动准备】

1. 多媒体《小乌龟上幼儿园》

2. 幼儿围裙和故事纸偶：《小乌龟上幼儿园》

3. 故事大书：《小乌龟上幼儿园》

【活动过程】

1. 利用多媒体资源给幼儿播放《小乌龟上幼儿园》的故事，让幼儿反复听故事。

2. 幼儿独自或者和同伴一起翻看故事书《小乌龟上幼儿园》，教师在一旁随时应对一些幼儿提问。

3. 请幼儿尝试利用故事纸偶，一人或者多人一边玩纸偶，一边简单地讲故事，教师在旁边进行指导。

【活动总结】

此次活动主要是锻炼幼儿的听和说的能力，通过教师在幼儿活动中的关注和及时指导，发现幼儿的个体情况；针对幼儿的情况，及时做出方案调整，让幼儿更好地在语言教育上得到发展。活动中需要注意的是，教师在做引导的时候一定要及时、指导的语气要和蔼可亲，让幼儿更容易接受。对一些表现不突出的幼儿可以用“你需要我来帮忙吗？”、“你怎么了？”等话语来询问。避免引起幼儿情绪波动。另外，活动中的纸偶最好准备多套，防止幼儿损坏后中断游戏。

第四节 激发幼儿创造

三岁多的幼儿对外界有强烈的好奇心，也有一定的探知能力，这个时期的幼儿已经具备一定的创造力了。这个时候教师要做的就是积极开发幼儿的想象力，激发幼儿的创造力。

激发幼儿的创造力需要做以下几点：

1. 幼儿观察力、记忆力的培养

观察是人认识世界的重要手段，同时也是想象力、创造力的源泉。从小注意培养要幼儿的观察力十分重要。教师在日常教学活动中，通过不同方式，有意识地、有计划地设计培养观察能力的活动。

（1）帮助幼儿确定观察任务。直接提出要求让幼儿自主观察，如观察树叶是什么颜色的？天空有什么？

（2）让幼儿有实践的机会。教师可以带领幼儿去户外观察。回来后，引导幼儿讨论：我们观察到了什么？通过幼儿的回答，教师进行总结、归纳。

2. 想象力和创造力的培养

（1）通过音乐、舞蹈、绘画等艺术形式激发孩子的想象力和表现力。通过音乐感知音乐节奏，在感受音乐魅力的同时引导发展幼儿的肢体想象力发展。

（2）引导幼儿捕捉生活中的东西，并让幼儿加以模仿。比如大自然界的声音，生活中的色彩等。通过这些教育活动激发幼儿对周围世界的探索兴趣。

（3）给予幼儿自我创造力的展现机会。可以通过某一个事物让幼儿主动地阐述自己的内心，表达情感。同时可以通过手工课来培养孩子的创造力。

【活动参考】

树叶拓印画

【活动形式】

区域、日常、集体

【活动领域】

美工

【活动目标】

让幼儿了解不同季节的特点

【活动准备】

1. 红色、黄色、绿色颜料，将颜料倒在塑料盘中

2. 各种不同的落叶若干

3. 两张大海报纸，分别写上春天、秋天，白纸上画上一棵大树的树干和树枝，把白纸贴在墙上。

4. 幼儿防水围裙和套袖

【活动过程】

1. 教师给幼儿示范

树叶拓印方法：用树叶轻轻蘸颜料，拓印在白纸的树枝处。在“春天”的白纸上蘸绿色的颜料拓印，“秋天”的白纸上蘸黄色和红色的颜料拓印。

2. 请幼儿带上防水围裙和套袖，按照教师的示范方法，区别不同季节树叶颜色的特点，进行拓印。

【活动延伸】

可用不同的树叶形状让幼儿蘸取颜料做出自己心中的季节。

【活动总结】

此次活动主要是美术活动，树叶的不同形状，颜料的不同颜色，四季不断的变化，都能让幼儿有无数发挥的空间。教师可以在指导好本次的主题活动的时候，给幼儿留一些自由发挥的时间，让幼儿天马行空，随意畅想。

第五节 游戏主题活动的设计

三岁多的孩子正是喜欢蹦蹦跳跳的时候，可以针对幼儿的这个特点设计幼儿游戏教育活动。

【活动参考】

小白兔白又白

【活动目标】

1. 学会儿歌
2. 增强幼儿上、下肢的力量
3. 培养幼儿的规则意识
4. 让幼儿养成不挑食的习惯

【活动准备】

胡萝卜，兔宝宝头饰，空地准备

【活动过程】

1. 幼儿排成两队，间隔两米左右的距离。

2. 一边唱着儿歌：小白兔白又白，两只耳朵竖起来，爱吃萝卜爱吃菜，蹦蹦跳跳真可爱。一边往前跳，到另一小朋友处返回来，下一位小朋友继续。

3. 两边谁先到的，获得一个胡萝卜奖励。

第六节　促进幼儿社会行为发展

一．观察幼儿的社会行为

在幼儿一日活动中，教师无时无刻地在进行观察。唯有细致观察，才能了解幼儿个体情况，并适时作出材料与环境、规则的调整。唯有及时指导，幼儿在活动中的社会行为水平才会显著提高。教师只要在有心观察中发现一切能证明幼儿发展的证据，客观分析，在尊重理解幼儿的基础上，合理引导，相信会解决好区域观察与指导的困惑。

要观察分析幼儿的社会行为，首先我们要了解什么是社会行为？

社会行为指的是在社会环境中，人们不断地与他人接触，与他人互动时表现的行为。而在这些行为中，幼儿主要表现为两个方面：一个是亲社会行为，一个是攻击社会行为。而我们所需要培养的就是幼儿的亲社会行为，让幼儿能更好地融入社会，在社会中和谐健康发展。

亲社会行为是指做出有利于他人的行为，以及在社会交往中所表现出来的谦让、帮助、合作和共享等有利于他人和对社会有积极作用的行为。

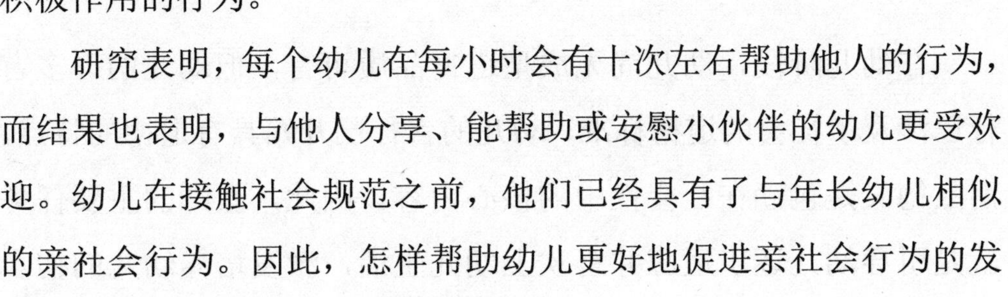

研究表明，每个幼儿在每小时会有十次左右帮助他人的行为，而结果也表明，与他人分享、能帮助或安慰小伙伴的幼儿更受欢迎。幼儿在接触社会规范之前，他们已经具有了与年长幼儿相似的亲社会行为。因此，怎样帮助幼儿更好地促进亲社会行为的发展是幼儿开始同社会接近的重要问题。

作为幼儿教师，我们应该帮助幼儿从小就理解和遵守生活、学习的各项常规，培养规则意识，养成遵守规则的良好态度和习惯。教师在这一阶段主要营造一个宽松、民主、和谐的环境，让幼儿在这样的环境中学会自己制定规则。同时教师要注意引导幼儿关注周围的社会生活，学习和遵守社会基本规则，并在成人自觉遵守社会规则的潜移默化影响下，通过耳濡目染，让幼儿将规则内化到心里，为将来做一个遵纪守法的、有公德心的公民打好基础。在这里值得注意的一点是教师要避免在这一过程中让幼儿将规则、规范变成了只是服从教师制定的规则。这样的情况只能奏效一时，会出现有教师和没有教师两种截然不同的情况，不利于幼儿的规则意识培养。

幼儿的规则意识是在生活、游戏中得到发展的。规则与幼儿的生活和学习紧密相连。幼儿在生活中首先要学习的就是遵守承

认预定的规则，让幼儿学会服从和执行。比如说，大家排队做早操，要求幼儿听从口令，按照教师的安排排好队。

二.影响幼儿社会行为发展的因素

在幼儿阶段，幼儿尚无成型道德品质可言，但幼儿的许多言行已涉及了社会的道德标准，幼儿的言行已开始具有道德的特点。而品德又是包涵在社会性中的核心内容。因此，教师的主要任务就是引导幼儿逐步适应并喜欢上幼儿生活，激发培养幼儿的初步集体意识，让幼儿产生热爱集体的感觉，初步培养幼儿的良好品德行为习惯。

为了引导促进幼儿的发展，我们首先要了解，影响幼儿社会发展的因素。

1. 遗传因素

遗传性因素主要表现在生理和性格这两个方面。生理上主要存在于男女幼儿差异之上。很多人都在疑惑性格是不是天生的，九型人格理论认为，性格型号是天生的，性格成熟度是后天的。性格成熟度受童年经历、家庭环境、教育背景等后天因素影响。一个人的性格在社会活动中起到了很大的作用。因此，虽然社会发展和先天因素有一些关系，但也不是最主要的关系。

2. 家庭教养因素

作为幼儿早期主要的抚养者和促进幼儿社会化的重要代理人，毋庸置疑，父母对幼儿的发展具有重要的作用。事实上父母与幼儿之间是一个相互影响的人际交往过程，幼儿自身的特征是影响父母采取哪种教养行为的一个重要因素，只强调成人对幼儿的影响，忽视了幼儿在这一交往过程中所起的作用，不能真正了解父母的教养行为。有研究表明早期的亲子互动对幼儿发展有重要的影响，而且对幼儿后期社会行为具有预测作用。

3. 班级因素

这里所讲的班级环境主要是指精神环境，包括教师对幼儿与幼儿之间的关系以及班级的秩序纪律。教师在幼儿社会性发展的过程中，对幼儿的支持和关爱会对幼儿的良好发展起到促进作用，而对幼儿过于严厉的控制与训诫则不利于幼儿的发展。教师对幼儿的关心与支持可以促进幼儿社会性发展。幼儿与幼儿之间的交往对幼儿社会性发展也是十分重要的，在幼儿园中，幼儿大部分的时间是和同伴在一起，良好的同伴关系能有效地促进幼儿社会性发展。

4. 大众传媒因素

这个因素指的就是在现代迅速发展的社会，电子传媒对幼儿影响的作用也是不容忽视的。因为时代和科技的发展变化，而一些家长因为社会问题在孩子的问题上空闲的时间不是很多，相对应的，一些电子产品便出现在幼儿生活当中，很多电子产品内容

对幼儿影响和家长的影响已经不分上下了。比如动画片对幼儿的影响，很多幼儿的行为、习惯都是从模仿动画片开始，家长为幼儿选择正确的，符合幼儿特点的动画片，在某种程度上也是能对幼儿的身心发展起到一定的促进作用。但是切记一定要注意时间，不能过分依赖电子产品。

三．如何培养幼儿形成良好的自我意识

自我意识是幼儿社会性及个性形成的基础。引导幼儿学习最基本的人际交往规则和技能。对幼儿而言，人际交往就是学习社会最简单、最基本的交往规则和技能。从幼儿与成人（主要是父母、教师）、幼儿与同伴、幼儿与人交往中的分享、谦让、合作行为与文明习惯等多方面对幼儿的人际交往进行综合评价。使幼儿初步接触、观察和关心周围的社会环境和社会活动。

幼儿社会行为的规则意识主要体现在两个方面，一个是幼儿自律行为的表现，另外一个是幼儿对他律意义的体验。

受认识水平和生活经验的局限，幼儿常常不能真正理解日常规则对自己的益处。通常这样的情况下，教师要创设相应的环境，让幼儿在体验中感受到活动中的规则。比如说游戏活动，游戏在幼儿的生活中占有相当大的比例，而幼儿游戏是多样化的，因为游戏的本质更多的还是玩乐，因此，游戏处于在创造、发展和变化的可能，许多游戏规则不是预先制定好的。因此，在游戏过程中便存在冲突潜在的幼儿学习自律的情境和机会。

帮助幼儿更好地促进自律意识的形成：

1. 创设体验环境

所谓的体验环境主要以幼儿感受为主，让幼儿自己有自己的切身体验。幼儿由于规则意识不是很强烈，教师在指导的时候首先让幼儿自己感觉。教师可以让幼儿处在嘈杂无秩序的环境一段时间，然后再让幼儿在有序的环境下活动，然后和幼儿交流什么环境是好的，在交流的过程中增强幼儿自主判断能力，让幼儿亲身感受什么是好的，什么是不好的，从而做出选择，进而意识到规则的重要，在潜移默化中学会自我管理，并不断地促进幼儿的规则意识逐步内化。

2. 让幼儿自己成为规则的制定者

幼儿的生活教育，尤其是规则意识的培养，一定不能变成强迫幼儿的行为。我们常说一直听话的孩子并不一定就是好孩子。通常，幼儿健康发展的标准是有正确的自我意识和一定的自主能力。因此，在幼儿规则意识培养当中要充分尊重幼儿、信任幼儿，尽可能的让幼儿自己做出决定，选择不断调整和完善规则。

3. 让幼儿参与规则标志的设计

在制定规则的时候，经常会有一些标志性的东西存在。比如节约用水的标志，各种区域划分的标志。这些标志往往粘贴在最醒目的地方。教师可以组织幼儿一起参与设计标志，让幼儿自己

参与标志设计当中去，既锻炼了幼儿的绘画能力和动手能力，又能加深幼儿规则意识的不断内化。

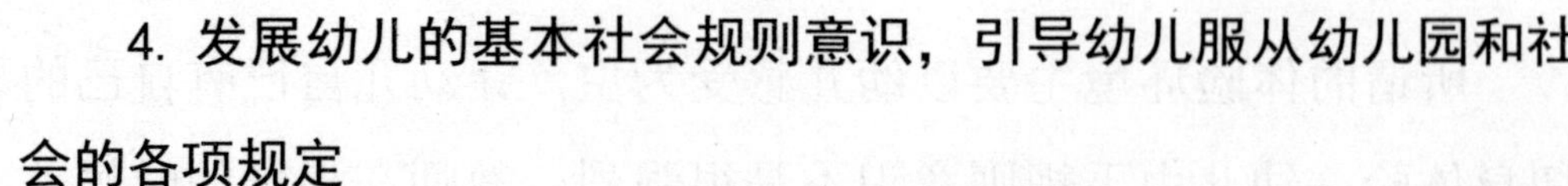

4. 发展幼儿的基本社会规则意识，引导幼儿服从幼儿园和社会的各项规定

要做到这一点，首先就要求家长和教师共同配合，做到以身作则，以自身行为为幼儿确立规则意识，树立榜样。日常生活中，遇到需要遵守的行为规范时，家长和教师一定要注意自己的言行举止。比如，在等候排队的时候切记一定不能插队，在公共场所遵守公共场所的规定，不大声喧哗、不随地扔东西。在马路上注意遵守交通规则，严格遵守红灯停、绿灯行，注意走人行道、走天桥和地下通道，走路的时候注意靠右行走，不在马路上追逐打闹。

5. 了解和尊重幼儿的个体差异，提出不同的规则要求

幼儿因为年龄、性别、家庭等环境因素，每个人的行为表现存在明显的个体差异。比如说男孩子在日常行为中攻击性要比女孩更强一些，教师在制定活动规则的时候就要注意规则的适用性。而且不同性格，不同气质类型的幼儿在遵守规则中所表现的行为是不同的，这就要求教师在教导过程中细心观察，理解和尊重不同幼儿的表现，让他们觉得遵守规则不是一件困难痛苦的事情。在活动中可以根据幼儿的个体差异，适当地修改一些规则要求，因人而异，延缓他们的适应过程，让他们自然而然地发展规则意

识。如动作迟缓的幼儿，可以提前让幼儿进行准备，对于精力旺盛、急躁的幼儿，可以让他在活动中担任活动量大的角色、需要体力的角色，使他在活动规则的限制下也能更大程度的发挥自己的特点。

6. 指导幼儿间的交往

社会发展中的社会性有很大一部分是来自于人对社会的参与过程，这个参与过程更多的是人和社会之间的相处。而对于幼儿来说，这些相处对他们来说最直观，也是最直接的就是与伙伴间的交往。

幼儿之间的争执时刻都存在，可是他们的矛盾又很快就过去，就像是从来没发生过什么一样。当幼儿出现争执的时候，教师需要谨慎思考，了解幼儿之间此时的主要问题。若是幼儿间无法自主控制场面，那么教师要第一时间先控制场面，然后再针对具体情况实施具体的办法。若是场面可控，建议先给幼儿留下足够的空间，让幼儿自己解决。因为幼儿年龄虽小，却有自我意识，其他人的插手只能朝着大人意识的方向发展，这有可能并不是幼儿所想的。让幼儿自己解决矛盾，能锻炼幼儿解决事情的能力，让幼儿能充分的展现自我，为他们提供形成重要人际交往能力的机会，通过这样的机会能让幼儿更好的学会人与人之间的相处。

【活动参考】

抛苹果

【活动目标】

1. 训练幼儿的动手能力

2. 按照指令完成抛接活动

3. 培养幼儿的创造性

4. 培养幼儿规则意识

【活动准备】

1. 自制与幼儿数量一样的袋鼠尾巴和头饰。用卡纸制作苹果若干，准备篮子四个。

2. 地上贴有袋鼠图片

【活动过程】

1. 活动前准备

（1）教师带幼儿随着音乐进入活动场地，进行游戏活动前准备工作，活动四肢关节。

（2）引导幼儿思考用卡纸制作的纸球像什么。

2. 创设情境，探索玩法

（1）以“袋鼠参加熊宝宝的生日宴会”做情景导入，使幼儿进入角色。

教师：小袋鼠接到了熊宝宝的电话，要小袋鼠参加他的生日宴会。袋鼠想啊，要送什么礼物才好呢？正在为难之际，小袋鼠

闻到了苹果的香味，于是小袋鼠决定给熊宝宝带一些苹果过去。但是好多的苹果，他怎么装呢？

接下来教师导幼儿想出各种办法，帮助小袋鼠。引导幼儿进行双脚并拢跳跃抛物的动作练习。

（2）进行小组游戏活动。

将幼儿分成四组，每人手里10个苹果。站在指定的位置，向对面的篮子抛苹果，进入篮子的苹果记一分。

（3）分享成功，体验快乐。

教师和幼儿一起巩固原地跳跃抛物的动作，体会帮助小袋鼠想出好办法的快乐。

3. 结束活动

（1）播放音乐，给幼儿的小腿和小脚按摩，做一些放松运动。

（2）引导幼儿进行舒缓活动，稳定激动情绪。

四．角色游戏和幼儿社会发展

（一）角色游戏对幼儿社会发展的影响

游戏是幼儿时期的一种重要活动，是幼儿生活和成长过程中不可或缺的元素。角色游戏是幼儿游戏中最常见的一种游戏，是幼儿对社会规则、社会情感、人际交往的初步感受和认识，也是培养幼儿分享、合作的有力工具。在角色游戏中，幼儿通过角色的扮演，社会性各方面与同伴的沟通和交流中得到发展。

角色游戏因其固有的特性，对幼儿的创造性、社会性和认知能力的发展具有其他游戏所不可替代的作用，角色游戏与幼儿社会性发展的关系尤为密切，幼儿自我成熟与社会规则对其社会性成长具有重要的影响，通过角色游戏能促进幼儿的社会性进一步发展。

角色游戏在某种程度上让幼儿更能清楚地感受到自己就是社会的一份子，对于幼儿在社会中遵守相关的规则行为的内化起到很好的促进作用。

（二）针对影响因素制定角色游戏规则

从事情的源头找到根本的解决方法，了解了影响幼儿的因素之后，从根源上解决对应的问题，促进幼儿感受在社会发展中的规则意识。

1．教师要从自身做起，成为幼儿学习的榜样。

这一点主要表现在教师在角色游戏活动中的示范和引导。教师在指导幼儿参与活动的时候，积极做好准备工作，保证自己的行为不出差错，不给幼儿造成混乱意识，让整个角色游戏活动有秩序有条理地进行。

2．密切结合幼儿的实际生活对幼儿进行教育

培养幼儿的社会性发展主要是为了让幼儿更好的适应社会，与社会同步发展。了解幼儿生活环境，针对幼儿的实际生活设计丰富、有特色的教育活动对于幼儿来说就显得尤为重要了。比如每周周一举行升国旗活动，让幼儿从小培养爱国主义情操；在欣赏民族歌舞时，初步感受肢体语言丰富的表现力，适时进行爱国主义教育。在幼儿认识四季美景时，品尝各个季节当季的水果，帮助孩子提高认知能力。在排队练操时，在学习走过“独木桥”时，培养幼儿的组织纪律性和进行勇敢品质的教育。

3．积极争取家长的配合，保持家园教育的一致性

社会行为的学习是一个长时间的连续过程。只有教师和家长一致要求，共同培养，才能取得较好的教育效果。教师和家长多沟通交流，促进幼儿社会性发展的方法。使家长了解到用正确方法适时地强化幼儿的良好行为，有效地促进幼儿积极行为的巩固。首先，家长在针对孩子的教育不仅要对孩子关爱有加，还要加强幼儿的行为要求，教育幼儿学会调节自己的情绪。其次，家长在

幼儿教育的过程中不能只一味地给孩子爱，而忽略了让孩子学会爱别人的能力。最后，家长要注意给孩子适当的空间，要孩子自己做一些力所能及的事情。

【活动参考】

一起玩

【活动形式】

集体、区域、日常

【重点领域】

语言、社会、健康、科学、艺术

【活动目标】

1. 了解动物的习性
2. 让幼儿表达自己的想法
3. 使幼儿学会和同伴之间友好相处

【活动准备】

1. 幼儿用书：《一起玩》
2. 多媒体教育资源
3. 简单的生活场景道具（具体可以利用幼儿园一切资源）

【活动过程】

1. 教师和幼儿一起看幼儿书，以及教学电子资源中的照片，

教师和幼儿一起探讨动物的样貌和习性特点，鼓励幼儿模仿动物的动作。

——我们一起看看河马长什么样子？（出示河马的照片）

——河马爱和朋友一起在水里玩。

——河马为什么喜欢泡在水里呢？

——因为它们生活的地方特别热。它们怕热，泡在水里很凉爽。

——羚羊长什么样子？（出示羚羊的照片）

——羚羊在什么地方奔跑？（看图提问）

——猜一猜羚羊最喜欢吃的东西是什么呢？（草）

——看看鸭子要去哪里？为什么？

——它们要去河里，因为它们喜欢水。

——鸭子是怎么走路的？鸭子的叫声是怎么样的？为什么它们总是一起？

——还有哪些动物一起玩呢？小朋友们来说一说。

2. 请幼儿谈论自己喜欢的同伴

——你喜欢和谁一起玩？

——你们喜欢玩什么？

3. 我家来客人了

（1）在教师和幼儿之间做好交流之后，先让几个相熟的幼儿在一起，分别扮演角色，完成我家来客人的游戏。

游戏需要做到的就是让幼儿学会和“客人”打招呼，招呼客人。如：“欢迎到我家做客！”“你要喝水吗？”“这是我的新玩具，

xxx，我们一起玩吧。”

（2）之后将幼儿分组，分别进行游戏，让幼儿扩展交流范围。

【活动总结】

通过讲解动物世界的相处，使幼儿理解相处的重要性，从动物世界过渡到幼儿之间，通过角色扮演活动，让相处的意识深入幼儿的心里。活动中教师需要注意调动幼儿的积极性，维护好现场活动的秩序。

第四章

加强幼儿的艺术教育，提高幼儿的美学素养

第一节 幼儿和音乐

一、音乐对幼儿的作用

音乐是用来表达人们思想感情、反映现实生活的一种艺术形式。音乐活动也是艺术教育中的一部分。《幼儿园教育指导纲要（试行）》明确指出：艺术是实施美育的重要途径，要充分发挥音乐的情感教育功能，促进幼儿健全人格的形成。由此可见音乐教育对幼儿成长有着至关重要的作用。

1. 音乐教育能够发展幼儿的想象力、创造力。

音乐能够促进幼儿想象力的发展。幼儿时期是形象思维占主要地位的时期，是由再造想象逐步自创造想象发展的时期。幼儿在进行内容丰富的音乐活动中，运用想象进行创造。如：一段活

泼的旋律，幼儿可以想象成小鹿在奔跑，小兔蹦蹦跳等，还可以在此基础上，创造性的想象自己快乐玩耍的欢快情境。

2. 音乐教育能够发展幼儿的听觉能力和记忆能力。

幼儿学习音乐，首先是靠他的听觉获得信息，然后在多次视听中学会欣赏音乐、感受音乐、表达音乐。幼儿靠听觉不断地学习，并记忆巩固，这样幼儿的听觉能力便得到加强与提高。在此过程中，只有幼儿在记住歌词、旋律、舞蹈动作的前提下，才能更快更好地学会唱歌、跳舞，使幼儿的记忆力得到不断发展。

3. 音乐教育能够发展幼儿的语音能力。

音乐和语言有着非常密切的关系，音乐教学不仅能培养幼儿的音乐素质，而且能全面促进幼儿身心和谐发展。一首活泼、动听的歌曲往往就是一首好的儿歌、诗歌、散文；一首优美、诙谐的乐曲都好像在讲述一个非常有趣的故事。语言在音乐教育里起着至关重要的作用，语言是开展音乐教育的重要保证。

4. 音乐教育能激励幼儿主动、自信地参与活动。

活动中总有一部分幼儿老当演员，一部分幼儿老当观众。那些天赋好的幼儿经常有机会表现，而那些条件较差的幼儿却因自卑而不敢表现。如果我们任其发展，这部分幼儿不仅失去了学习音乐知识技能的机会，还可能导致一定的心理缺陷。我们应将音乐活动作为手段，让每个幼儿都能积极、主动、自信地参与到活动之中，满足幼儿自我表现的需要。

5. 音乐教育有助于培养幼儿的合作意识。

幼儿园的许多音乐教育活动都需要幼儿园的孩子们一起参加，比如舞蹈、音乐游戏中的相互配合。运用这种有趣带着艺术气息的教育方式可以在很大程度上提高幼儿的合作意识。

6. 音乐教育有助于培养幼儿的规则意识。

音乐本身具备不同的音高、强弱以及音乐中展现的节奏，这些都不是随意而为的，通过一定的规则，才能完美地展现出音乐的魅力。比如乐器演奏的指法，音乐声调的高低强弱，音乐的节奏快慢正好都是需要遵守一定的规则。通过潜移默化地接受这些规则，增强幼儿的规则意识。

二．选择合适的音乐

1. 选择的音乐符合幼儿身心发展。

不同场合选择不同的音乐，紧密联系幼儿的生活实际。有效地激发幼儿的自主学习兴趣。

2. 选择的音乐要有时代特点。

音乐教育中的音乐选择要能体现时代发展需求，达到与时共进。

3. 选择的音乐要有特点。

所谓的特点就是音乐教育活动中的音乐要有自己的独特性，从曲调效果，到歌词内容，特色鲜明，能让幼儿记住。

三. 音乐教育的目标

教育活动的目标是教育的行为指南。没有明确的教育活动目标作指导，在教育行为中会出现杂乱无章、分不清主次的情况。音乐教育是幼儿教育活动中重要的表现手段之一。

（一）音乐教育要达到的目标

1. 培养幼儿参与歌唱、韵律活动、欣赏幼儿园各种音乐活动形式的兴趣与热情，使幼儿在音乐教育活动中获得音乐的能力，并从音乐的能力获得身体、情感、个性、社会性的全面和谐发展。

2. 让幼儿领略音乐的魅力，使幼儿通过音乐美展现的方法、途径、手段等各种表现形式，让幼儿在必要的音乐知识和技能下，去更深层次的感受音乐的魅力，增强幼儿对音乐学习的兴趣。

3. 让幼儿能在音乐学习过程中获得自信，并在此基础上促进孩子的想象力和创造力。

4. 积累一定数量的音乐作品，能够富有热情、富有表现力和创造性地进行表演。

（二）幼儿园小班音乐教育目标

1. 知道歌曲的名称和内容，熟悉音乐的旋律、节奏。吐字清

楚，唱准休止符。

2. 学会曲调，记准歌名，学会基本动作，动作正确、优美，要求动作合拍，增加节奏感。

3. 初步学会表演，并且能够跟着老师边唱边跳，注意音乐的节奏与间奏。

4. 理解歌词意思，熟悉曲调，能连贯地表演。

5. 知道乐曲的名称及内容，培养幼儿对音乐的兴趣，安静享受音乐。

6. 学习打击乐，熟悉各种乐器的名称。

四. 音乐教育的方法

（一）了解阶段

1. 了解本班幼儿对音乐了解程度，针对具体情况设定具体的课程。

2. 根据设定课程让幼儿对音乐知识有一个初步的了解。

3. 培养并建立初步的音乐习惯。

（二）内容准备

1. 提供节奏感比较强的乐器，让幼儿通过尝试，对音乐有一个直观的感受。

2. 准备一些差异化的乐器让幼儿在不同的感受中体会不同音色。

3. 设定音乐教育课程（如音乐演奏，歌唱表演等），让幼儿在音乐教育中参与音乐活动，更好地掌握音乐技能。

4. 通过让幼儿听音乐，让幼儿感受音乐魅力，促发自身的想象力，让幼儿个体得到发展。

5. 和幼儿一起玩音乐。可以在教学环境中多穿插一些符合环境的音乐，让幼儿进行实际操作，让幼儿对音乐内容、音乐节奏、音乐中所体现的情绪有更广泛的理解。

6. 教师应积极的创设情景，如音乐剧的形式，引发幼儿在适宜的环境中体验音乐的“情景美”。

7. 利用多媒体教学，让幼儿听音乐并从影像资料中更为直观的感受音乐的魅力。

【活动参考】

《在农场里》

【活动目标】

1. 喜欢唱歌并学会演唱

2. 尝试根据一定的规律仿编歌词

【活动准备】

多媒体、钢琴、歌曲《在从农场里》

【活动过程】

1. 教师先用多媒体选择播放《在农场里》这首歌曲，让大家现聆听观察。

2. 念歌词：猪儿在农场噜噜，猪儿在农场噜噜，猪儿在农场噜噜的叫，猪儿在农场噜噜的叫。教师在说完所有的歌词之后，教师说歌词的前半句，幼儿说后半句。

3. 教师钢琴演奏《在农场里》幼儿跟唱。

4. 请幼儿联想出其他动物及叫声，创意仿编歌词，加入乐曲中，一起来演唱。

——牛儿是怎么叫的？

——牛儿在农场哞哞叫。

【活动延伸】

改编歌曲

青蛙在池塘呱呱，
青蛙在池塘呱呱，
青蛙在池塘呱呱叫，
青蛙在池塘呱呱叫。

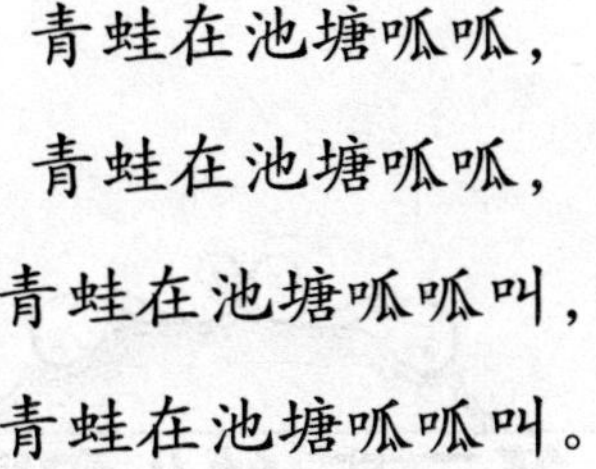

第二节 幼儿和舞蹈

一．舞蹈对幼儿的作用

幼儿时期是人一生中的心理、生理发展的重要阶段，这一时期的发展能为人生奠定良好的基础。这一阶段中，开展舞蹈教育可以让幼儿的身体素质得到提高，同时，还可以陶冶幼儿的情操，发展幼儿的观察力、记忆力、思维能力和表现能力，提高幼儿自身的艺术素养。幼儿舞蹈教育是幼儿音乐艺术教育中比较重要的一部分。它舞蹈性较强，艺术性较高，又直观形象、生动活泼，深受孩子们的喜爱。

1. 提高身体素质

舞蹈需要消耗一定的体力，练习后能促进孩子食欲、增强消化机能，提高身体抵抗力，减少生病机会；使幼儿神经系统的结构和机能发生适应性改善；促进视觉、听觉、肢体感觉等各感觉机能的提高，使大脑更灵活、健全，反应更迅速，动作更灵敏。舞蹈还有利于提高生理机能，训练能够改善心肺系统的结构和功能，减少患心脏病的危险性，降低血压和增加骨骼密度，同时使人精力和体力更加充沛，不易疲劳。

2. 提高合作能力和集体荣誉感

舞蹈有独舞、双人舞、集体舞，只有配合默契才能表演好，由此训练了幼儿的合作精神，养成自觉遵守规则、纪律，培养了协作的观念。

3. 培养审美情感

舞蹈是通过音乐、动作、表情、姿态表现内心世界，使幼儿潜移默化地接受到艺术表演的熏陶，使幼儿热爱生活，并能欣赏美、体验美。

4. 培养自信心

舞蹈演出能培养幼儿表演的能力，使幼儿不怯场，表现力强，增强自信心和更好的心理素质。

5. 培养幼儿的想象力

舞蹈是通过形体、动作、眼神来表现的，在跳舞的过程中能激发幼儿的想象力、创造力，尤其是自编自演的作品，能促进孩子智力发展。

6. 形体优美

舞蹈能促进幼儿生长发育。据统计调查，同样性别、同样年龄的幼儿，参加舞蹈训练的比不参加舞蹈训练的，身高平均要高4—8 厘米。正处于快速生长发育时期的幼儿，经过舞蹈训练（如挺胸、抬头、收腹）能使他们站得直，形体优美，且能纠正驼背、端肩等形体问题。

7. 动作协调

舞蹈需要全身各部位的配合，通过音乐与舞蹈动作的和谐达成动作协调性的训练，并且使幼儿更有节奏感。

8. 肢体灵活性和柔韧性

舞蹈能够提高幼儿的身体素质。经常练习压脚、劈叉、下腰，使幼儿的柔韧性，动作灵活性好。经过训练，幼儿的力量、控制、稳定性、耐力等方面的身体素质都会得到提高。

9. 锻炼毅力

从基本功开始训练能培养幼儿不怕吃苦的精神，磨练坚强意

志。作为业余爱好，幼儿舞蹈对幼儿的身体条件要求并不高，大多数幼儿都可以学习。但是，舞蹈学习的很多益处不是短期就能体会到的，持之以恒才会得到更大的收获。当然，如果专业学习舞蹈对于舞者身体比例、体重、身高等有比较严格的要求。父母可以根据幼儿的实际情况，引导幼儿进行舞蹈学习。

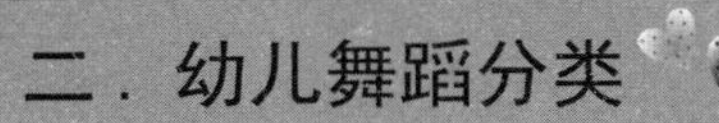

二．幼儿舞蹈分类

根据舞蹈的作用和目的，幼儿舞蹈主要可以分作自娱性舞蹈和表演性舞蹈两大类。

（一）自娱性舞蹈

1. 律动，又称为听音乐做动作。

这种律动一般是因为歌曲本身的节奏很有规律，歌词内容也很具有动作性。

2. 即兴舞

幼儿根据自己对音乐的了解，自编自演的舞蹈。

3. 集体舞

幼儿一起跳，保持整齐划一的动作，幼儿之间相互学习配合。

4. 歌表演

这种情景一般都是唱歌和跳舞同时进行，大部分以歌为主，舞为辅。

5. **音乐游戏**

根据不同场合，选择不同的音乐，丰富游戏的内容。

（二）表演性舞蹈

1. **歌舞表演**

唱歌和舞蹈相结合，载歌载舞。

2. **幼儿童话歌剧**

是一种歌唱和舞蹈为主要艺术表演手段，来展现情节性内容的综合性表演形式。

三．幼儿舞蹈的特点

3 岁左右的幼儿通常模仿力比较强，比较好动，对一切新鲜事物正是充满好奇的时候。这个时候针对幼儿的舞蹈，就需要和其他舞蹈区别开来。

1. **幼儿舞蹈的直观性**

由于幼儿的年龄较小，他们需要的舞蹈是直接能通过眼睛就能理解的。这种鲜明的特征就决定了舞蹈作品中的情景和人物心理情感等都必须通过舞蹈形象直接地表现出来。这一时期的幼儿对一些具体化、动作明显的舞蹈更容易接受。

2. 幼儿舞蹈具有童趣性

幼儿舞蹈应适应幼儿的发展特点，充满着幼儿欣赏情趣，能展现幼儿自立自主的活动需求。幼儿这一时期的的生活特点决定了幼儿舞蹈的趣味性和娱乐性应当摆在首位。只有好玩、有趣，孩子们才爱跳、才爱看，才能达到百跳不厌、百看不烦的地步。也就是说只要他们感到有兴趣、有意思，立刻就能够全身心地投入，乐此不疲。所以，在考虑舞蹈的题材时，应当选择孩子们所熟悉的、喜爱的，又有一定积极意义的，可以用舞蹈所表现的、那些幼儿的生活内容，还要讲究舞蹈语汇的趣味性。

3. 幼儿舞蹈具有模仿性

幼儿对新鲜事物都有很强的好奇心，他们会积极的，兴趣十足地投入到自己感兴趣的内容中去。很多时候幼儿表现的行为就是模仿，比如，会模仿小鸟飞，兔子跳等。

4. 幼儿舞蹈具有综合性

幼儿的生活是丰富多彩的，幼儿的世界也是各不相同的。所以我们在选择幼儿舞蹈题材的时候就需要宽泛一些。幼儿现实的生活，幼儿所感兴趣的神话传说、童话寓言，自然景物中的花鸟鱼虫、山水风雨，以及童幻世界中的一切，都可以编成舞蹈，塑

造出生动鲜明的舞蹈形象。

随着幼儿舞蹈题材的扩展，舞蹈体裁和形式也就相应地要求多样化。因此，幼儿舞蹈除了我们常见的抒情性舞蹈和叙事性舞蹈外，还应当多提倡采用歌舞、歌舞剧、小舞剧等体裁，这样就能使我们的幼儿舞蹈教育更加丰富多彩，更加绚丽多姿。

四．舞蹈教学

舞蹈是一种形象化的艺术，它的表现形式多种多样，形式优美，场面壮丽，每一支舞蹈能最大程度上带给人们视觉冲击，因而，舞蹈深得人们的喜爱。但因为舞蹈的基本训练通常都是枯燥的，所以怎么让幼儿积极主动地学习舞蹈就是最主要的问题了。

1. 教育内容要联系幼儿实际，充满童趣。

生活是我们学习的最好的老师，从生活中选择一些贴近的舞蹈内容能让幼儿更容易去接受舞蹈，也能增强幼儿学习舞蹈的积极性。选择充满童趣的幼儿舞蹈能增强幼儿学习舞蹈的兴趣。童趣和幼儿生活相结合，才能充分的调动幼儿的积极性，让幼儿乐于接受舞蹈教育。

2. 正确培养幼儿的艺术情操。

教师作为指导老师，在舞蹈教学中除了需要从幼儿生活实际出发以外，还要从幼儿对舞蹈的理解出发，教师带着幼儿欣赏歌舞，让幼儿对歌舞有一个新的认识，通过这种认识让幼儿喜欢上舞蹈。

3. 创设适当的环境，引发幼儿学习舞蹈的兴趣。

教师在日常教学中，要努力积极地创设可以激发幼儿学习兴趣的环境，使幼儿产生舞蹈学习的兴趣，再对其进行舞蹈教育。一般很有效的两个方法就是回放法和情景剧。

回放法就是在幼儿学习舞蹈的时候利用工具将幼儿学习舞蹈的情况做成视频相册让幼儿自己察看，激发幼儿对舞蹈的积极性。另外一个就是让幼儿和舞蹈融为一体，能够更轻松地展现舞蹈。

4. 发展幼儿舞蹈的创新

舞蹈是音乐与身体动作的完美结合，只有这两者相融洽，才能达到舞蹈的最佳境界。要在舞蹈中有新的创新，首先一定要先对舞蹈有一个深入的了解，这就需要幼儿在舞蹈教育中有大量模仿的素材，再通过这些舞蹈素材融入生活元素，才能更好地引导幼儿在舞蹈上的创新。

【活动参考】

两只老虎

【活动目标】

1. 激发幼儿对跳舞的兴趣

2. 能按音乐节拍做动作，初步培养幼儿的节奏感

3. 学习基本动作“踵趾步”

【活动准备】

1. 布置环境：小树林

2. 老虎头饰两个、音乐《两只老虎》

【活动指导】

1. 学小鸟飞的样子走进舞蹈教室。

2. 媒体播放《两只老虎》，让幼儿对歌曲有一定的感知。

3. 教师做舞蹈分解动作。

4. 随着音乐教师和孩子们一起歌唱并表演两只老虎的舞蹈。

5. 重复练习三遍。

6. 师：小朋友你们看，这是什么地方？（小树林）听说，这个树林里住着两只可爱的小老虎，我们来一起来看小老虎的表演吧。

（1）播放音乐，“两只老虎”在跳舞。（由两名教师表演）

（2）幼儿欣赏后，师：我们来和小老虎做朋友一起跳舞吧！

7. 师：今天和小老虎玩得真开心，我再跳一次舞和小老虎说再见吧。

音乐起，教师和幼儿对两只老虎的舞蹈做最后一次巩固。

第三节 幼儿和美术

一．幼儿美术教育对幼儿的作用

幼儿美术教育不仅可以促进幼儿良好艺术素养的形成，而且对幼儿其他方面的发展也有积极作用。为了让幼儿全面发展，幼儿园的教学活动应该是丰富多彩的，美术教育是教学活动中最重要的手段之一，美术教育对幼儿的发展有重要的影响。

1. 幼儿美术教育有利于发展幼儿的想像力和创造能力。

艺术欣赏是艺术作品本身、艺术家的生活和社会背景等与欣赏者的生活经验、知识背景、情绪情感等因素相互作用的过程。艺术欣赏过程实际上是欣赏者积极主动的创造过程。艺术作品中有许多“空白”和“空缺”，它使作品产生极大的不确定性，它

们呼唤和等待欣赏者运用想像力来补充和完成。因此，一件作品可以有许多接受方式，欣赏者融入作品的任何东西都合理地成为意义。这一理论在儿童欣赏现代派大师的抽象作品中体现得尤为突出。

幼儿对一些事物的反应往往比我们成人的思维要活跃得多，他们对线条、形状和色彩的感受水平，围绕作品的意象和情感所展开的想像能力，是绝大多数成人所不及的。根据幼儿日常生活中能接触到的各种事物，从影视资料、图书资料等有趣新奇的事物中，根据自己的理解，自由发挥、表达内心的情感。此外，在美术活动中，讨论作品的情感，透过作品猜测画家心境和个性特点，给作品起名字等，也有利于幼儿的想像力和创造能力的发展。

2. 有利于培养幼儿的语言表达能力

艺术是幼儿的另一种语言，绘画是发展这种“内在语言”表达的最好方式。对艺术作品的欣赏需要通过对话的方式进行，它包括教师与幼儿、幼儿与幼儿之间的对话，欣赏者与作品之间的对话等几个方面。无论是哪种对话，都要借助语言这一中介来实现。对于幼儿来说，这几种对话是互相交织的。

一方面，作品通过色彩、线条、形状、构图以及所描绘的事物或情节等因素向幼儿发出信息，幼儿则靠敏锐的直觉和审美经验，不断地获取这些信息，并作出情感上的回应。另一方面，幼儿通过与教师、同伴的对话、讨论乃至争论，表达自己的理解和感受，同时也倾听别人的感受。

在整个对话过程中，幼儿不断丰富着自己的内心感受，并希望将其表述出来。通过这种发自内心的、言之有物的表达，幼儿的语言能力得到了快速发展。这种发展不仅表现在表述的流畅、长句子的经常出现、各种词语特别是与情绪情感有关的词语的大量运用上，还表现在幼儿乐于表达的潜能自然地迁移到其他学科活动和日常交往之中。

3. 有助于培养幼儿积极的情感态度

幼儿在感受力、领悟力、想像力和创造能力、语言表达能力等方面的良好发展，有利于幼儿形成积极的情感态度。这是一个良性循环的过程，归根结底是由艺术的无错特点以及它给幼儿提供的巨大的想像和创造空间所带来的。如他们善于独立思考，敢于坚持自己的观点而不人云亦云；他们能大胆发问，并积极尝试解决和回答；他们会就某些问题展开积极的思考，大胆表达自己的想法。由于美术这一门艺术是一个相对内敛的艺术，大多时候美术教育能丰富幼儿的内心活动，使幼儿在日常生活中形成了一个善于发现和思考的积极态度。

4. 培养良好的学习习惯

绘画属于安静的创作活动，需要高度专注的状态。孩子在绘画过程中，需要动手、动脑，双重劳动；并且他们对绘画充满了兴趣，因此能够自觉控制注意力，仔细、耐心地坚持完成自己的作品，进入专心操作的状态，能够促使幼儿养成良好的学习习惯。

5. 绘画培养审美能力

在绘画活动中，无论是构图、涂色、装饰都是幼儿表现美的过程。画面的构图是否稳定、合理，线条是否流畅，色彩搭配是否协调，画面装饰是否丰富、丰满等都可以显示出幼儿对美的感受力。因此，练习绘画的过程更是幼儿练习审美的过程。

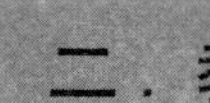

二．教师如何指导幼儿美术活动

绘画是幼儿表达自己对外界事物的感知的重要手段，借由绘画，幼儿可以自由地探索和表现外部世界，表达自己的真实感受，在幼儿美术教育的范畴内，离不开教师的指导。

1. 创造环境让幼儿自主表现

好的环境和氛围能够更好地让幼儿融入环境当中，积极主动的自由发挥，创造有自己风格的画作。这种环境说的就是艺术氛围的熏陶以及良好人际氛围的构建。幼儿教师在这一环境中带领幼儿进行知识经验和技能的储备，用良好和谐的幼教关系，引导孩子想画什么就画什么，想怎么表达就怎么表达。结合大自然以及幼儿的日常生活，激发幼儿的绘画兴趣。

2. 能够启发幼儿的审美和创造

在教师的带领之下，让幼儿对所涉及的绘画事物要仔细观察。通过观察，让幼儿对事物有一定的认知，观察认知的过程同时也是一次对于美的欣赏和感悟的体验，从而增加幼儿对美的绘画情趣。绘画过程其实就是一个创造过程，在环境的熏陶融合当中，幼儿能自主的表达自己的情感。这个时期教师要鼓励幼儿表达，适当的时候做一些引导，但是不建议过多干预，以免让幼儿处于迷惘的状态。

3. 指导幼儿学会欣赏美术

幼儿通过美术课上的活动，可以学习一些优秀的创作手法，感知纯美的艺术氛围，进而对幼儿自己的创作产生重要的影响。这个时候就要求教师注重美术作品内容的选择。这一时期的幼儿对于一些色彩明快的美术作品比较感兴趣。教师在选择美术作品的时候对美术作品做适当的分析，引导幼儿表达出自己的观点。教师在幼儿创造和表现的时候给予恰当的评价，引导幼儿的思路不断拓宽。

4. 培养幼儿的绘画兴趣

利用优美的童话语言，形象生动描述绘画的主题或者气氛，增强幼儿对美术的兴趣。同时可以在美术教学活动中结合手工，不但可以提高幼儿绘画兴致，同时手工的动手操作性也让幼儿对事物有更深刻的感知，此时幼儿画画就比较容易一些了。

另一方面，注重丰富幼儿的生活经验，促进幼儿在艺术天地的成长。只有多体验、多感知，才会有素材，才能使幼儿的艺术创作源泉生生不息，才能更好地表达自己的内心情感。

绘画创作有时候是相对比较枯燥的，为了提高绘画学习的积极性，可以在绘画课程与其他艺术形式相结合。

5. **培养幼儿的彩色感和线条感**

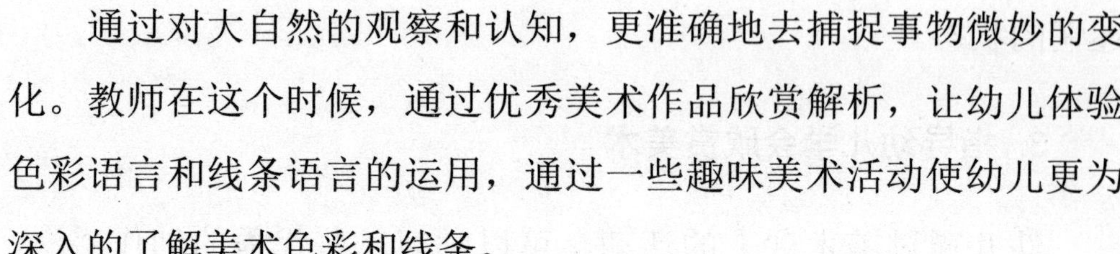

通过对大自然的观察和认知，更准确地去捕捉事物微妙的变化。教师在这个时候，通过优秀美术作品欣赏解析，让幼儿体验色彩语言和线条语言的运用，通过一些趣味美术活动使幼儿更为深入的了解美术色彩和线条。

【活动参考】

雪地里的小画家

【活动目的】

带孩子们认识白色世界，并用大自然创造出的神奇景象进行艺术创造，发掘生活中的艺术。

【活动内容】

1. 脚印画

老师带着幼儿在雪地里用脚印踩出不同的图形，如心形，正方形等。

2. 堆雪人

（1）先做一个小雪球，然后在地上滚，慢慢把小雪球滚成大雪球，当雪球滚到足够大的时候，就可以停下来了。把大雪球放置在要堆雪人的地方，作为雪人的身体。

（2）做一个体积较小的雪球，作为雪人的头部。

（3）把做好的雪人头部放置在雪人身体上，雪人的基本雏形就做好了。之后可以找干树枝作为雪人的手臂，找小石头作为雪人的扣子、鼻子、眼睛和嘴。

【活动参考】

皮筋跳舞

【活动目的】

感受线的变化，尝试画不同的线条，体会线条艺术。

【活动准备】

小皮筋若干，不同颜色的颜料、画笔、纸。

【活动内容】

1. 老师和一个小朋友把皮筋拉长，告诉大家这是直线。

2. 把皮筋放在颜料里泡一会儿，再把它拉直放在纸上用力弹一下。看！一条蓝色的直线出现在纸上。

3. 老师与幼儿一起完成，鼓励每一名幼儿尝试拉皮筋。

4. 把皮筋松开，皮筋变弯了，像波浪，像小山，像爬行的小蛇，老师和幼儿一起用笔在纸上画曲线。

5. 和幼儿玩直线快跑的游戏，看谁画的直线最长。谁能画出像波浪，像小山，像一条小蛇一样的曲线。

第四节 幼儿和游戏

一．幼儿游戏对幼儿的作用

游戏是幼儿生活中的一个重要元素，它多为幼儿的独特活动，可以促进幼儿自主性的发挥，对幼儿的生活和自身发展有重要的影响，是现代幼儿教育的重要方式。

1. 满足幼儿身体活动的需要

幼儿在这一时期，身体各方面发展还都不完善，尤其是神经系统常常主导幼儿的主要意识，幼儿在这一时期自主情绪比较明显，很多时候规则意识比较薄弱。这个时候教师对于幼儿不能强制性的压制，而是要通过一定的活动去慢慢地引导幼儿，而游戏

活动无疑就是最好的选择。

2. 游戏能促进良好情感的发展

游戏是幼儿表达情感的一种方式，对幼儿的情感满足和稳定具有重要的价值。游戏是没有压力的活动，幼儿在游戏中可以不受压抑地实现自己的愿望，自然地表现自己的情感态度。他们可以自由支配物体、操作材料、大胆创造。在创造的过程中能获得自信和体验成功的愉快。游戏还为幼儿提供了学习理解和接纳他人的情感，在适当的时候表达自己的感情。通过游戏的引导从而对学习压力、冲突或变化做出适当的健康的反应，控制不友好的攻击性行为，对友好的行为做出肯定的回应。

3. 满足幼儿社会交往的需要

在游戏过程中，幼儿大多需要与同伴一起参与，这就可以提高幼儿和同伴之间的协同能力和合作能力，帮助幼儿创设良好的人际交往环境。

4. 游戏能促进幼儿个性的发展

游戏是幼儿自主自愿的活动，这是因为游戏是活动的指南，在于活动过程本身的享受，而不是在于对活动结果的追求。幼儿在活动中始终是自由自在，毫无心理压力的，因此能在轻松愉快的游戏气氛中，获得通过自我努力而成功的欢欣和自豪。这种积极的情绪体验，将使幼儿们的求知欲提升、心理需要得到满足。

只有游戏才能使幼儿摆脱对成人的依赖，激发起一种完全出自本身的勇气，促进其个性的和谐发展。

二．游戏教学的方法

1. 创设宽松的游戏环境

在游戏活动中教师要了解幼儿，一方面了解幼儿的身体素质，不能盲目地设定一些幼儿承担不了的游戏。另一方面了解幼儿的想法，尊重幼儿的选择与决定是对幼儿负责的基本态度，体现在游戏活动中就是教师必须要真正参与到幼儿的游戏中，同幼儿的思维同步，用他们乐于接受的方式说话行动，同时注意幼儿心理素质的提高，在游戏活动中既不能给幼儿过重的负荷，也不能赋予幼儿过于放松，实行放养的态度，要在游戏活动中设定一定的难度锻炼他们的承受能力。

同时在游戏活动过程中，幼儿常常会因为观念不同，或者思维展现方法不同而产生冲突和矛盾，这个时候就要求教师给幼儿一片自主发展的天地，让幼儿在这个过程中学会与人更好地沟通，积极地表现自己的想法。

2. 合理把握师生互动的节奏

游戏是幼儿的一种自主活动，是幼儿主体生活之一，教师在这个过程中既不能太过干预，也不能放任自流。教师只有把握好

这个度，才能促进幼儿学习能力的提高，全面发展。

（1）教师应站在幼儿的角度，以幼儿的心态来思考游戏的设计和进行。

（2）教师要用宽容的心态对待幼儿。

（3）教师要用发展进步的眼光看待每一次游戏。

（4）教师要顾及幼儿能力。

3. 游戏与学习的关系

游戏是幼儿教育的重要参与方式，游戏也是能体现幼儿心理的最佳状态，要在游戏教学中贯彻创新教育的理念，需要注意以下几点：

（1）启发幼儿的创新意识

幼儿拥有极强的好奇心和想象力，在游戏活动中，幼儿通常会询问一些问题，这个时候就要求教师耐心地回答幼儿的问题，并从幼儿的问题中敏锐地捕捉到幼儿思维中的闪光点，并不断强化这种好奇心，培养他们多思考、勇于提问的意识。

（2）激活幼儿的创新思维

幼儿的创新思维的形成要建立在丰富的感性实践的基础上，在各种不同的情景中，让幼儿展开自主想象。

（3）帮助幼儿获取创新的成功感

幼儿有了创造性的举动之后，教师要能鼓励性引导，在不断地进行创造的过程当中，幼儿会发现一次比一次有进步，进而产生持续创造的能力，不断努力。

（4）捕捉幼儿的创新

幼儿的创新意识很多时候都是转瞬即逝的。因此就需要教师在教学活动中细心观察幼儿，发现幼儿有好的想法的时候做出积极引导，并将这种想法转化成世界的探索。

4. 在游戏中促进幼儿交往与合作

为了幼儿的健康发展，幼儿园应该创设良好的幼儿与幼儿，幼儿与教师之间的互动的环境。在这种环境下，幼儿和同伴之间会进行有效的交往和合作，帮助幼儿认识到各自的才能与品质具有多样性。在游戏中促进幼儿的交往与合作的能力。

（1）积累知识经验

幼儿在有一定的经验之后，懂得多了才能更完善地表达自己内心的想法。

（2）提供环境和材料的支持

良好的环境在一定情况下可以起到一定的暗示作用，诱导幼儿积极行为的发生。

（3）加强师生之间的互动

教师和幼儿之间建立有效积极的互动关系，可以调动幼儿参与课堂游戏活动的积极性。

5. 角色游戏的开发与拓展

游戏是幼儿的最爱，在游戏过程中会有不同的角色让幼儿参与进去，幼儿根据这些角色可以学会做各种与角色相对应的事情，

根据角色变化相应地调解自己的言行，从而可以进行自我教育和自我提高。

（1）游戏环境创设

角色不同所需要的游戏环境就不同，这时候教师通过选择不同的材料创设出不同的游戏环境。

（2）注重游戏兴趣，积极指导，提高游戏质量。

兴趣在幼儿游戏中发挥重要的作用。伟大的发明家爱因斯坦就曾说过“我认为，对一切来说，只有热爱才是最好的教师，它远远超过责任感。”游戏过程中，只有从培养幼儿兴趣出发，才能力争使幼儿以积极愉快的情绪投入游戏过程中，认真倾听、接纳每一个幼儿，才能鼓励幼儿积极大胆、自有自主地表达出自己的观点和意见。

（3）注重品行的培养，积极评价，保证幼儿自主参与游戏。

每个幼儿都是独立的个体，每个幼儿都有自己的基础习惯，在游戏过程中，难免会有一些矛盾存在，这个时候就要通过游戏引导幼儿，培养幼儿的品性，使他们养成尊重别人、关心别人、平等相处的优良品格。

【活动参考】

小鸟找朋友

【活动目标】

1. 学会手工制作小鸟

2. 让幼儿积极主动地参与游戏

【活动准备】

（1）玩具卡：《小鸟找朋友》

（2）双面胶或者固体胶

（3）一只制作好的玩具卡小鸟

（4）桌子

（5）可供活动的空间

（6）多媒体工具

【活动过程】

1. 制作小鸟

（1）沿着玩具卡轧线的外缘线将小鸟以及小鸟的尾巴小心地取下。

（2）将小鸟背上黄色部分沿虚线折，使小鸟翅膀“立”起来，并撕下双面胶贴上。

（3）将小鸟尾巴上的黄色部分沿虚线折，将小鸟翅膀上的黄色部分和小鸟尾巴上的黄色部分重叠，撕下双面胶的另一面，黏在一起，制成小鸟。

2. 播放《找朋友》的歌曲，用小鸟纸偶玩“找朋友”的游戏

第五节 幼儿和手工

一．手工对幼儿的作用

苏联著名教育家苏霍姆林斯基曾说过："儿童的智慧在他的指尖上。"在不断动手操作的过程中，幼儿的智慧会得到极大的发展。幼儿的许多知识技能都是在操作活动中得到培养的，在这种过程中，幼儿的思维也得到一定程度的拓展。在幼儿园教育中，为幼儿提供各种动手操作的机会，可以满足他们的动手兴趣，又能不断促进其思维与能力的发展。

手工教学作为幼儿艺术教育领域中美术教育的重要组成部分，在幼儿园基础教育中起着举足轻重的作用，它以培养幼儿的动作技能为主导，同时渗透对幼儿情感、能力、知识各个方面的培养。

幼儿三岁到六岁正是智慧和能力最大限度地发展的一个重要时期。而手工制作正是典型的手脑并用、手眼协调活动，有利于全面开发幼儿大脑，全面开发幼儿的创造力。这种符合幼儿身心发展需求的特点决定了它的实用价值。

手工是幼儿喜爱的活动之一，在这个活动过程中，幼儿可以尽情地表达自己心中所想的，将脑海中抽象思维投射到现实的材料上，进行积极地创造，这个过程对幼儿有积极的作用。

1. 促进生理机制发展

脑科学揭示脑左右半球有相对分工，左脑是语言逻辑的优势半球，主管逻辑性心理活动，如逻辑记忆、逻辑思维；右脑则是非逻辑性心理活动场所，主管情感、情绪、形象记忆、空间知觉、直觉、艺术欣赏等。左右半球在幼儿的创造活动中各司其职，缺一不可。但长期以来，教学过程的着眼点更多的是在逻辑思维上，而忽略了直觉、灵感、情绪学习，这使右脑的开发和左右脑的沟通显得薄弱。手工制作需要左右脑的同步合作沟通来完成。手工制作的过程中，调动了幼儿的全部感官的活动，既是左右手的合作协调，同时也是手与脑的协调训练。幼儿通过实际操作，有了感性认识，才会激发创作欲望与灵感，通过材料工具的选择搭配，完成原有的设计意图，从而达到完美的设计效果。这与进化论中人到猿的进化过程中手的进化促进脑的进化是一致的。

2. 促进心理健康发展

在幼儿时期，由于大脑皮层的发育成长，幼儿脑的活动能力大大加强，兴奋过程与抑制过程逐渐平衡。他们能更好地接受外界刺激，更好地控制自己的行为，他们的思维想象不断发展。在认真快乐地动手制作中，幼儿的情感、意志力、个性品质都得到培养，从而达到陶冶情操、启迪智慧、身心全面发展的目的。

3. 促进智力发展

手工制作中主题与材料的开放性，使幼儿的创作个性得以最大限度地发挥。他们不受行为模式的定型，不受规范习惯的束缚，只有大胆地尝试，因此他们在手工制作中思维较其他活动更开阔，最充分地表达现有水平，用手工制作的方法对想象中的东西进行创造，在从虚到实的过程中发展幼儿的观察力、记忆力、想象力、创造力。

4. 促进交往能力发展

在手工制作过程中，往往需要幼儿之间进行相互的配合和帮助，这就锻炼了幼儿的交往能力，与人沟通交流的能力和团结协作的能力。

5. 强化幼儿不怕困难、肯吃苦的优良品质

在手工制作的时候，制作出来的作品以及原材料都是我们生

活中比较常见的，幼儿在进行手工制作的时候，能加深对生活的关注度，强化幼儿热爱生活的情感。手工制作的操作性强，有时候需要耐心，而且不是所有的人，所有的手工制作都能不出差错的完成，在出现些许差错的时候就要引导幼儿耐心的、细致的寻找出差错并改正过来。

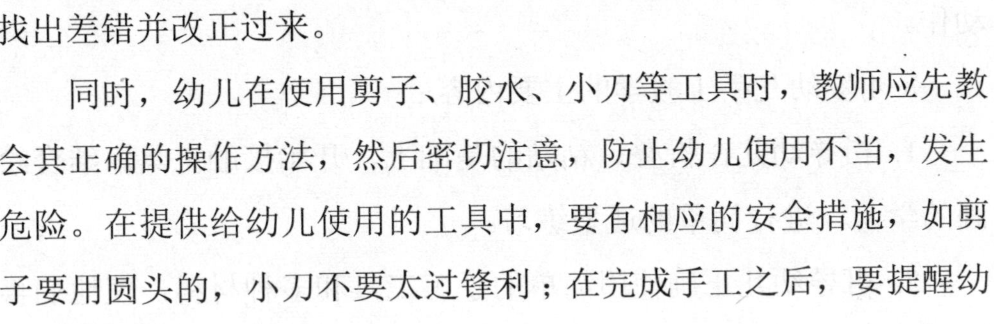

同时，幼儿在使用剪子、胶水、小刀等工具时，教师应先教会其正确的操作方法，然后密切注意，防止幼儿使用不当，发生危险。在提供给幼儿使用的工具中，要有相应的安全措施，如剪子要用圆头的，小刀不要太过锋利；在完成手工之后，要提醒幼儿及时、彻底清洗双手。

二. 手工教学

（一）手工教学的目标和内容

幼儿园阶段手工制作的主要功能和任务就是培养幼儿的技能以及眼、脑、手协调并用的能力，激发幼儿的想象力、观察力以及创造思维能力。

具体而言，3-4 岁幼儿手工教学目标主要是以下几点：

1. 引导幼儿初步学习手工制作的基本规律，并学习大胆地运用这些基本规律创造性地塑造和制作多种平面的和立体的手工作品。

2. 引导幼儿体验手工活动的快乐，培养他们对手工活动的兴

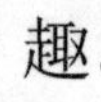

趣。

3. 引导幼儿初步学习多种手工工具和材料的基本使用方法，帮助他们形成良好的手工活动习惯。

4. 帮助幼儿在塑造和制作生活中，发展小肌肉和手眼协调的动作。

3-4 岁幼儿手工教学的主要内容：

1. 指导幼儿在折叠、粘贴的基础上，开始接触工具。结合绘画的学习，进行简单的造型练习。

2. 引导幼儿正确使用简单的手工工具和多种材料，使他们喜爱各种手工活功。

3. 引导幼儿用丰富、复杂的点状材料（如木屑、纸屑、泡沫屑等）粘贴出简单的物象。

4. 引导幼儿学习用纸折出（按照中心线折、双正方折、双三角折）剪贴出简单的物象。

5. 引导幼儿学习用捏的方法塑造简单的立体物象，并学习用连接的方法组合对象。

6. 引导幼儿初步学习用其他点状、线状、面状和块状的自然物和废旧材料制作玩具。

7. 培养干净、整洁、有序等良好的手工活动习惯。

（二）幼儿手工制作三要素

幼儿手工制作有折纸、剪纸、泥塑、粘贴等多种形式，它是培养幼儿动手、动脑能力，启发幼儿创造性思考的重要手段。教师可以启发并指导幼儿自主发挥创造力和想象力，培养动手能力，对各种物质材料进行加工、改造，制作出可视性的、可以感知到的艺术形象。在这个过程中，可以培养幼儿的认真观察、有意注意以及耐心细致、不怕困难的优良品质。

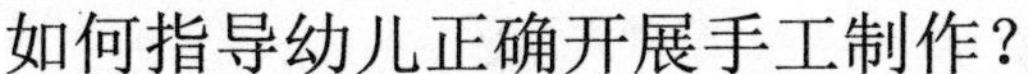

如何指导幼儿正确开展手工制作？

1. 创造意图

明确创造意图就是所谓的确定主题。博恩崔西曾经说过：“要达成伟大的成就，最重要的秘诀在于确定你的目标，然后开始干，采取行动，朝着目标前进。”做任何事情的第一点就是要给自己设立一个目标，有自己的想法。通常幼儿的活动往往都是比较随意的，并没有非常明确的意图，他们或许是出于好玩、好奇，而做出个东西，但是自己也不清楚最想要创作的是什么东西。对此，教师需要帮助幼儿明确自己的创作意图。

（1）创设环境，激发兴趣

在积极有趣的环境中，幼儿会发挥超乎意料的想象力。比如在泥塑的过程中，可以在周围摆出很多可以泥塑的素材，幼儿在创作的过程中，很容易受周围素材的影响，在幼儿的直观体验上进行拓展开发，激发幼儿的兴趣和创造能力。

（2）让幼儿和材料充分接触

幼儿的手工制作用途很多时候都是在不断接触材料的过程中产生的，因此要多给他们一些接触材料的过程，让他们对材料有更多的了解。

（3）在玩耍与观赏中明确制作意图

幼儿的手工制作意图需要教师主动引导激发，因此，教师在开展观赏作品的过程中多和幼儿交流，引导幼儿逐渐明白制作意图。

2. 充分发挥自己的想象力

在明确了创作意图之后，接下来做的就是怎么去制作手工，也就是说进入了手工制作的构思阶段。在这一过程当中，幼儿通过想象和思考，对自己将要制作的作品进行全面计划与思考。在这个过程中很少有幼儿能自己确定下来自己要怎么做，但是他们会根据材料的变化，逐步扩展自己的想法。

比如在泥土手工中，面对一整块泥巴，他们可能不会想到什么，但随着泥巴被分成块，揉成团，搓成一些简单的形状之后，他们便会有一些自己的想法，比如会有幼儿想做和圆形有关的生活物品，或者根据这些形体自由发挥，在其基础上衍生出新的东西来。

根据这种情况，我们要帮助孩子在以下几个方面做出引导：

（1）帮助幼儿积累多种表象

平常带幼儿多观察一些现实生活中的物品，只有幼儿在生活中多观察，并在脑中形成一定的记忆容量的时候，才能在制作过

程中有更丰富的视觉印象，同时良好的生活认知也能让幼儿的手工作品的效果更佳栩栩如生。

（2）提供多种材料，引导幼儿积极发挥自己的想象力

材料是幼儿进行构思、制作的基础，不同的物质材料具有不同的性能和特征，能做出不同的东西。幼儿在进行构思的时候，应该给他们提供多种材料，让他们自由选择，充分想象，构思出不同的方案。

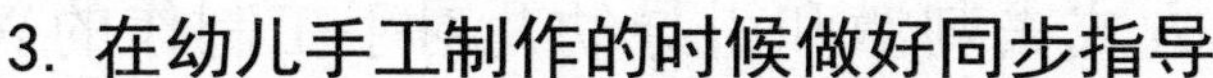

3. 在幼儿手工制作的时候做好同步指导

（1）指导幼儿掌握各种工具和材料的使用方法。

只有让幼儿掌握各种工具和材料的基本使用方法，他们才能在手工制作中使用工具的时候得心应手，也能在制作过程中，正确、熟练各种工具、材料，使幼儿形成一种技能，并运用到实际的制作过程中去。

（2）多提供练习的机会，使幼儿的手更灵活。

（3）引导幼儿将手工制作与绘画有机联系。

在幼儿的手工制作当中可以添加一些绘画的元素，这样可以让手工制作更好的展示美的既视感，美好的视觉体验能增强幼儿对手工制作的兴趣，更好地将绘画和手工制作结合起来。在这个过程中，幼儿会不断地根据绘画内容修正手工制作的作品，使想象力和探索能力得到不同程度的发展。

（三）努力培养幼儿的创造力

幼儿在进行拼拼、摆摆、捏捏、贴贴的过程中，可以充分发挥想象力，极大程度的扩展自己的思维和能力。教师应抓住这一过程进行专门的训练，努力培养幼儿的创造力。

1. 从兴趣入手，培养幼儿的创造欲望

兴趣是幼儿最好的老师，因此教师要把培养幼儿制作的兴趣放在首位，用不同的方式去刺激和引导幼儿对手工制作的兴趣。同时在幼儿活动过程中，在选择材料和确定手工制作的东西的时候，要注意符合幼儿的兴趣爱好，让手工制作活动多元化，让幼儿对手工制作保持一定的兴趣。在教师对幼儿的兴趣做有意引导之后，幼儿的创造潜能就能得到更大的发挥，从而可以充分的调动幼儿创造的积极性。

2. 注重培养幼儿的求异思维

思维的拓展和求异的思维是一切创造力的基础。只有发挥了求异的思维，不断在生活当中发现事物与众不同的特质，才能提高创造水平。

幼儿在每一次的创造过程中，教师都要给予积极的鼓励，并做出正确的引导。

接受幼儿的“异想天开”并加以引导，通过引导明确制作目标之后开始有效的指导工作，让幼儿的创造力不但得到发挥，还落到了实处，让幼儿在创造的过程中享受到胜利的喜悦，增强自

主创新能力。

3. 建设和谐环境

“近朱者赤近墨者黑”，很多时候环境对人的影响很大，一个相对宽松和谐的手工制作环境对于幼儿手工制作有着极其重要的作用。在这样的环境中，教师尊重幼儿的意愿，激发幼儿兴趣从而使幼儿更为大胆地表述自己的想法，进行创造性的活动。此外，提供丰富的活动材料和工具，能让幼儿不受限制的发散思维，进行创造。

【活动参考】

跳跳偶

【活动形式】

集体、区域、日常、亲子

【重点领域】

社会、健康、艺术

【活动目标】

1. 学些运用不同的材料粘贴制作跳跳偶
2. 享受和同伴一起游戏的乐趣

【活动准备】

1. 幼儿用书：跳跳偶
2. 各种塑料瓶、瓶盖、橡皮筋（或者细绳）、色纸、彩色胶带、

透明胶带、剪刀、花布

3. 教学电子资源：跳跳偶

【活动过程】

1. 和幼儿一起看书，讨论跳跳偶的做法。

2. 和幼儿一起制作跳跳偶。

（1）两条橡皮筋绑在一起，变成两个圈圈。

（2）把橡皮筋一端用胶带粘在瓶子上，另一端粘在瓶盖上，当作跳跳偶的手和脚。

（3）用彩色胶带和色纸在瓶子上装饰表情和服饰。

3. 请幼儿介绍自己做的跳跳偶。

4. 教师播放教学电子资源中的音乐，幼儿握着瓶子上头的瓶盖，抖动摇摆，让跳跳偶舞动起来。

（四）剪纸教学研究

陈鹤琴老先生曾说：“小孩子应有剪纸的机会。”他认为剪纸有两方面的好处：“一是可以养成独自消遣的好习惯，二是可以练习手劲。”实际上，因为剪纸需要幼儿安静下来，所以幼儿会更为专注地去做一件事情。而且，剪纸活动可以锻炼幼儿多方面的能力，尤其是剪纸可以使幼儿的双手变得更加灵活。

那么，如何才能使幼儿更好地进行手工剪纸活动呢？

1. 为幼儿创造适宜剪纸的环境

剪纸是一门民间艺术，现在的社会发展，剪纸艺术在生活中的体现并不是非常多了，因此上剪纸课，首先要给幼儿创设一个良好的剪纸环境。使幼儿在充分地感受到剪纸的氛围的前提下得到充分的发展。

2. 激发幼儿的剪纸兴趣

大部分幼儿对于剪刀剪纸一类的东西相对而言都是比较感兴趣的。日常生活中幼儿见到的较多的手工制作是剪纸、贴画之类的。教师可以先让幼儿从一些基本的剪纸开始，先给幼儿自由发挥的时间，让幼儿对剪纸产生兴趣。接着，教师便开始引导幼儿剪贴一些简易的图案，加深幼儿对剪纸的兴趣。然后教师示范并引导幼儿剪一些自己喜欢的图案，比如说幼儿最感兴趣的小动物、小树叶之类的。

3. 让幼儿学会观察生活

剪纸手工大多都是和生活息息相关的，比如说窗花剪纸，又比如说家庭摆设的一些工艺制品等。要制作这些东西的时候，就要我们认真观察生活，去了解这些剪纸作品的样式、颜色、意义等，从观察中发现更多值得学习借鉴的方法，提高幼儿对剪纸手工的审美情趣。

4. 将多种教育渗透在剪纸教学当中

在幼儿每次剪纸之前，教师首先要引导幼儿明确自己的创作意图，在确定了创作意图之后要指导幼儿的剪纸方法，在剪纸过程当中多和幼儿进行交流，这样不仅能激发幼儿的创造力，还能很好地培养幼儿的语言能力。

5. 剪纸活动要增强趣味性

虽然幼儿对剪纸活动大多数都会有十足的好奇心和相当大的兴趣，但是剪纸活动对于一个正处于好动年纪的幼儿来说，长时间的专心致志，对幼儿来说其实就是最大的困难。所以，教师在进行这项教学活动的时候要将幼儿的这种困难降到最低。

（1）兴趣是最好的老师，设计幼儿感兴趣的剪纸活动，会让幼儿剪纸活动能更顺利地进行。比如说教师将剪纸活动和幼儿最为关注、最为喜欢的事物相结合。

（2）把剪纸和绘画还有粘贴相结合，避免活动太过单一，同时还能增加活动的趣味性。

（3）合理运用幼儿的剪纸作品。可以将幼儿的剪纸作品用来装扮教室，美化环境，也可以将幼儿的剪纸作品运用到游戏当中去，如利用剪纸动物表演。

【活动参考】

美丽的太阳

【活动目标】

1. 进一步学习撕、贴技能

2. 训练手指的灵活性

3. 在老师的引导下学习有序整理用具

【活动准备】

1. 幼儿活动材料《纸工》

2. 浆糊每组一盒

3. 范例一个

【活动过程】

1. 美丽的太阳

小朋友，晴天的时候是什么样的？（会出太阳）

太阳公公出来了给人的感觉怎样？（暖暖的）

太阳公公是什么样子的？你看过太阳吗？对，我们抬起头看太阳的时候，经常会觉得刺眼，那是因为太阳发出了强烈的光芒，太阳的光芒是五彩的。

你看，老师这里就有一个五彩的太阳，你知道是怎么做出来的吗？

请幼儿欣赏老师的范例。

2. 引导幼儿学习制作太阳的方法

（1）出示操作材料：

今天老师来教小朋友做太阳，小朋友可要看仔细哦！

(2) 教师一边示范制作一边讲解：

①将太阳的沿外轮廓取下

②再把彩色纸撕下来

③再把彩色纸撕贴在太阳的周围

3. 交待要求，幼儿操作，教师巡回指导

(1) 提出要求：要求幼儿先想想应该怎么做，再动手制作；桌子地面都要整理干净；碰到问题可以问老师，也可以问小朋友。

(2) 幼儿操作，教师对能力较弱的幼儿进行指导。请能力强的幼儿帮助其他伙伴（语言及动作）。

4. 结束活动

(1) 小结幼儿制作情况，引导幼儿相互欣赏作品。

(2) 表扬做的好的幼儿。

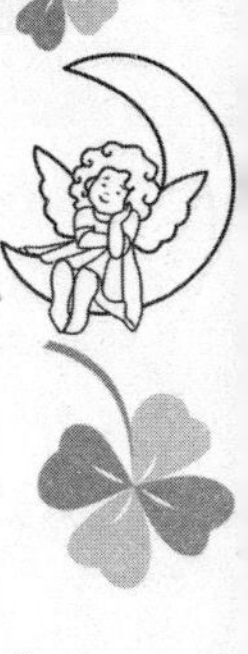

（五）泥塑教学

泥塑是我国的一种传统的手工工艺，因为泥塑可塑性强、想象空间大，相对比较生活化，因此受到很多人的喜爱。在幼儿的生活中泥塑因为自由发挥的空间大，现代橡皮泥种类多，颜色纷杂，深得幼儿的喜爱。

之所以给幼儿设定泥塑教学，主要是因为在泥塑过程中可以很好地培养幼儿的视觉、触觉之间的配合，有效地扩展幼儿的想象力和创造力，使幼儿多一个促进身心发展的机会。

在泥塑的过程中，教师主要的任务就是为幼儿打造一个良好的环境，让幼儿能在有效的环境中获得更多、更大的进步。

关于泥塑教学需要教师注意以下几点：

1. 给幼儿创设丰富的环境

一个良好的泥塑氛围能让幼儿更自觉地投入到创作中去，同时通过环境氛围的感染，幼儿的创造力也在这个时候得到更大的发挥，为激发幼儿的想象力和创造力奠定良好的开端。

2. 给幼儿提供丰富的活动材料与工具

幼儿对泥巴有了一定的认识之后就会产生一定的兴趣。3 岁多的幼儿正是渴望拥有自主能力的时候，渴望能做更多的东西，对于手工这一方面通常都会有一些跃跃欲试的表现。这个时候就要教师给幼儿提供充足的材料与工具，满足幼儿的基本需要，让他们有足够的探索空间，并逐渐获得认知经验。

3. 因材施教，因人而异的教育指导方法

每个人的情况都不尽相同，不同的环境，不同年龄层次的幼儿都是有差别的。幼儿的程度不同，就需要教师在教育方法上注意设计符合幼儿特点的教育活动。针对幼儿的不同问题，做适当的个体引导，让幼儿尽可能得到更完善的发展。

在泥塑过程中，教师在点评指导幼儿的创作的时候，要细致化、多元化，不应该单一地评价幼儿创造的泥塑像不像，可以针对泥塑的技法进行细致点评，或者注意到幼儿的创新能力。对于幼儿的进步要及时鼓励，促进幼儿的积极性。

【活动参考】

捏南瓜

【活动目标】

1. 让幼儿学会观察了解南瓜的形态，并通过观察南瓜的形态让幼儿学会观察事物。

2. 培养幼儿的动手能力，激发幼儿的创造力和想象力。

【活动准备】

彩泥、扭扭绳、竹签、小盘子等

【活动过程】

1. 看看、摸摸，感知特征

（1）教师：西方的万圣节马上就要到了。在这个节日里，有一种特别受欢迎的物品就是南瓜灯。南瓜作为食物不仅非常美味，还能做出漂亮的灯笼，当作装饰。

南瓜是不是一个圆的，和咱们平常见过的篮球有一些相似？

咱们再摸摸南瓜上还有什么特别的？

（2）幼儿感知特征，教师师巡回指导。

（3）（南瓜收起来）教师：哎呀，南瓜被收起来了，可是老师还没完全摸清楚南瓜有什么特别的呢？

请小朋友们帮帮我，告诉我南瓜还有什么特点好不好？

（4）激发幼儿积极回答之后，教师小结：原来南瓜不仅看上去圆圆的，还有一点扁扁的，而且摸起来有一道道浅浅的棱。

2. 了解操作，大胆表现

（1）教师：我们知道了南瓜的样子之后，老师教给大家一个

南瓜的魔法，让刚才的南瓜在我们的手中变出更多好不好？

（2）教师指导方法：

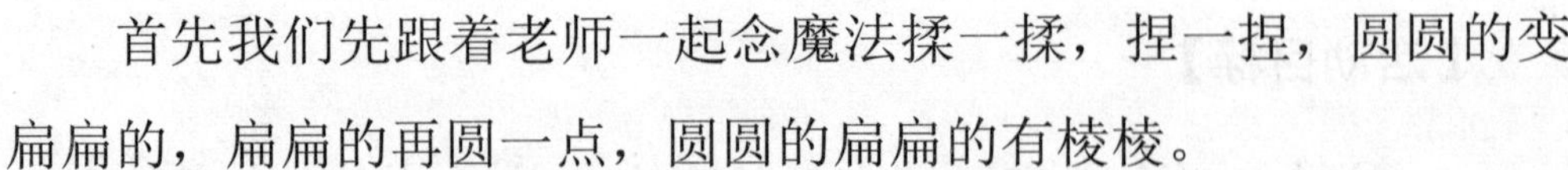

首先我们先跟着老师一起念魔法揉一揉，捏一捏，圆圆的变扁扁的，扁扁的再圆一点，圆圆的扁扁的有棱棱。

南瓜基本做好了，我们可以看看南瓜可以还有一些什么，然后我们动手做出来。

（3）幼儿观察实物操作，师巡回指导，根据幼儿的自主创造能力做出适当的点评。

【活动总结】

此次活动结束之后将幼儿的所有作品放在一起做一个有针对性的鼓励总结，并为下一次的手工泥塑制作做积极引导。

泥塑教学最好是在幼儿自主的环境下让幼儿去尝试和操作，这时候老师的引导是非常重要的，因为教师的引导能帮孩子们梳理他们零零碎碎的经验，在总结这些方法后，幼儿的真实经验才会大大地提升，再通过和同伴间的集体交流，分享经验，这样才能更顺利地达到此次活动的目标。

关注幼儿在活动中的每一种表现及发生的问题，进行及时的引导和讲解，这样才能使幼儿获得更正确、更有利的经验。

第五章

家园达成共识，共育幼儿

第一节 让家长认识到自己在幼儿教育中的地位

幼儿园教师对于幼儿的影响是某一个时期，幼儿的一生会受到许多教师的影响，家长对子女的教育的影响则是有连贯性的。

幼儿和父母在一起的时间要比任何教师都长，孩子出生之后，学说话、学走路、认识五彩缤纷的世界，到之后的待人接物，家长的行为都对幼儿有潜移默化的影响，这一种影响一直到成年。因此，父母不仅是幼儿的启蒙教师，还是幼儿的终身教师。

家庭和幼儿园是两个不同的教育场所，双方在幼儿的成长中都扮有重要的角色，谁也不能替代谁。很多时候家长教育幼儿的机会要比教师的机会多。然而很多家长往往依赖于幼儿园的教育而忽视自身的教育责任，缺乏实施家庭教育的知识和技能。所以，帮助家长认识到自己在幼儿教育中的地位并使其真正成为合格的“第一任教师”就显得格外重要。

1. 与家长多沟通

教师和家长多进行沟通，通过一些亲子主题活动游戏让家长亲身体验自己对幼儿的影响。做出计划，做好家长会以及家访的安排。

2. 引导家长注意自己不经意的行为对幼儿产生的影响

抓住机会以实例说明家长在生活中处处会对幼儿产生积极或者消极的影响。

比如，家长的脾气暴躁，幼儿的情绪相对而言就不稳定，也容易暴躁易怒。家长喜欢看书，幼儿相对而言也会养成喜欢看书的习惯。

3. 指导家长以身作则

父母的言行是幼儿的模仿的榜样，所以家长必须要树立良好的形象，使幼儿每天都能从父母身上学到更多积极的东西。

4. 指导家长系统性教育

教师要引导家长认识到，幼儿良好的生活和行为习惯的培养常常会出现反复，这就要求家长要进行始终如一、系统的教育。

5. 引导家长学会从日常生活中发现和把握教育契机

比如在一起走路的时候教幼儿观察大自然，认识生活中的事物。

6. 引导家长与孩子多说话、交流，鼓励幼儿表达自己的意愿

在一些涉及幼儿自己的事情的处理时，尽可能地尊重幼儿自己的想法，让他们在家庭中参与决策。

第二节 帮助家长创设良好的家庭教育环境

家庭是幼儿成长的最重要的环境，家长的关爱和照顾是幼儿健康成长的基本保证。家长的情感、态度、教育观念和行为对子女的身心健康发展至关重要。

一．通过家访、对家庭周围环境、资源部的观察

与家长一起讨论如何利用现有资源设计活动空间。如：鼓励家长利用自身周围的环境，参与到各项活动中去，加强亲子关系。

二．引导家长对幼儿的学习指导，让幼儿养成学习的习惯

家长在家庭教育中的行为也很重要，因为他们是幼儿的支持者、引导者，要学会帮幼儿设计简单有效的目标，这个行为不是

指盯着幼儿一定要做某件事情，时刻警惕地告诉他不要贪玩，而是帮助幼儿设计有效的目标。比如说每天的阅读计划、或者兴趣培养计划。

在帮幼儿设计目标的时候需要注意以下几个问题：

1. 家长应该用正面语言引导孩子，尽量避免用“不许”、“不要”等负面词语

人的潜意识是不接受“不”字的，幼儿听到这些语言后，记住的不是不要去做，反而是加深了对不被允许这件事的印象。另外，家长的引导教育应该注重整体平衡，不能为了培养幼儿坚持的品性而牺牲他的兴趣，这样反而让他对学习产生厌恶情绪。

家长在给幼儿制定目标的时候，应该让幼儿自我独立的完成，只是在此基础上给幼儿设定相应的规则，如时间规则，让孩子自己一步步独立地完成自己的目标。

2. 让孩子将目标画面视觉化

采用“以始为终”的方法激励幼儿一步步地成长并取得优异成绩。所谓“以始为终”就是让幼儿把目标变成一个画面，拉到眼前，让他能看到未来，融进未来，从而形成动力激励他。

视觉化是一种可以把人的三脑都用足的方法，三脑即包括爬行脑，这部分负责处理身体活动，人的原始生理反应等；情绪脑负责处理情绪反应；思考脑是意识及推理能力等发挥作用。将目标变成画面视觉化虽然简单，却可将三脑调动起来，家长可以在

帮幼儿制定目标时，让他想象一下未来达成理想之时，看到了什么，听到了什么，感受到了什么，如果幼儿融入其中，便会感觉到有了实现的动力。

3. 家长要学会鼓励的艺术

一般表扬的法则就是家长陈述事实，表达感受，肯定孩子并且提出希望，这样可以帮助孩子找到自己成功的特质，再表达自己的期望，才会让孩子受到鼓舞。

三．创设一个安全、和睦、温馨的家庭环境

家长的情感、态度、道德行为、价值判断、意志力等在日常生活中对幼儿的影响无时不在，将给幼儿的个性品质、学习品质、社会认知能力发展打下深刻的家庭烙印。家长要重视创设家庭成员间的亲切、和睦、安全、愉快、健康的家庭生活氛围。

四．家长多鼓励孩子，帮助幼儿树立自信心

多给幼儿各种表现机会让幼儿展示自我，激发幼儿的成就感和主动学习的积极性。在家庭教育当中尊重和关注幼儿的自我感受，以平等的心态和幼儿对话。最为主要的就是让幼儿感受到周围人对他的爱，也让他学会爱别人。家中决定一些事情的时候，征求一下幼儿的意见，让幼儿感觉到父母是关心和对自己的尊重。

第三节 做好亲子主题活动

幼儿的天性决定了他们喜欢游戏、喜欢玩耍，需要有玩耍的伙伴。现在独生子女家庭较多，大多数家庭都是一个孩子，幼儿本身缺乏玩伴，家长对于幼儿往往是有疼爱之心，但是只会给幼儿提供一些物质陪伴，却忽略了家长自己才是幼儿最好的伙伴。家长和幼儿之间的互动，既能让幼儿学习知识技能、增长见识，又能促进家长和幼儿之间的交流，享受天伦之乐。

这些问题家长不一定能注意到，就需要教师的帮助。教师要引导家长发现幼儿的情趣，为幼儿创造“玩中学习”的机会。善于引导家长参与到幼儿园的游戏中，体会玩中的快乐和教育价值。

1. 很多家长比较忙，这样的情况下，教师可以和家长商议制定一个相对合适的方案，让家长尽量抽时间陪伴幼儿。

2. 让家长来园里学习，教师是怎样和幼儿一起游戏、一起玩的，并积极参与幼儿园的各种亲子活动，体验和幼儿一起活动的

快乐，以及其对智力开发、身心和谐健康发展的重要作用。

3. 讨论“怎样和孩子一起玩”、“和孩子一起玩什么”，让家长在活动中把自己的想法更好地加入到活动中去。

4. 向家长提供多种和幼儿一起玩的好方法，在家里和幼儿进行一些知识性的游戏，比如拼图、画画、讲故事、一起玩玩具等。家长也可以和幼儿玩一些小游戏，比如捉迷藏。家长在和幼儿玩这类游戏的时候，既能引起家长的回忆，唤起家长的童心，还能激发家长和幼儿一起玩的兴趣。

5. 指导家长和幼儿一起听音乐，与幼儿一起跳舞，陶冶幼儿的性情和情操。选择一些有特点、富有感染力的歌曲，家长和幼儿一起尝试跳舞，让幼儿在这个过程当中，将音乐舞蹈和玩耍融为一体，增强对艺术学习的积极性。

6. 指导家长带幼儿外出郊游、参观，增加幼儿的见识，开阔幼儿的视野。带领幼儿到大自然中感受到自然的魅力。

【活动参考】

小蝌蚪找妈妈

【活动目标】

1. 锻炼幼儿的腿部肌肉力量

2. 培养幼儿的身体灵活性和协调性

3. 增进亲子间的情感交流

4. 鼓励幼儿在成人面前大胆表现自己

【活动准备】

1. 自制与幼儿数量一样的小蝌蚪头饰，青蛙头饰若干

2. 创设小池塘的环境

【活动过程】

1. 创设情景，激发兴趣

（1）父母和幼儿一起围坐在小池塘里，分配角色，戴好头饰。

（2）启发幼儿了解小蝌蚪的妈妈是青蛙。

2. 基本部分

（1）讲解玩法

将幼儿分成四组，从场地的不同地方出发，开始找青蛙妈妈。

（2）小蝌蚪找妈妈

①父母先隐藏好，让幼儿从场地的不同地方出发寻找青蛙妈妈。

②父母换头饰变成小青蛙，告诉小蝌蚪们："妈妈在这儿。"

（3）游戏中，教师要时刻提醒，幼儿不要撞到其他小朋友，

不要跑出活动场地范围。

3. 结束活动

父母和幼儿交流心情，与幼儿亲一亲、抱一抱，最后随着音乐带小蝌蚪们回家。教师做活动总结。

【活动延伸】

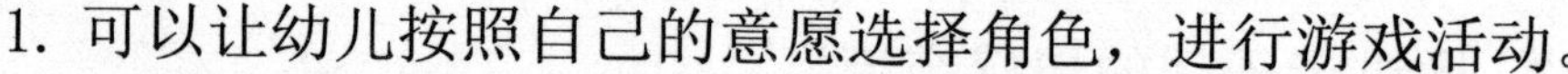

1. 可以让幼儿按照自己的意愿选择角色，进行游戏活动。

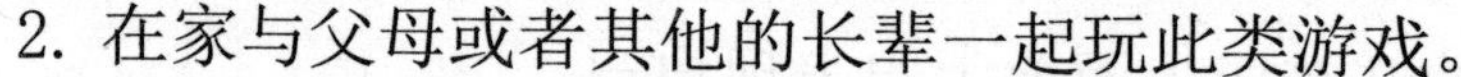

2. 在家与父母或者其他的长辈一起玩此类游戏。

第六章

积极参与班级组织和管理

第一节 明确教师地位

《幼儿园教育指导纲要（试行）》中明确提出："教师应成为幼儿学习活动的支持者、合作者、引导者。"这句话很明确地告诉了我们教师在教学活动中的地位和作用。作为幼儿教育工作者，教师在思想上要更多地以幼儿为中心，根据幼儿的不同情况，去开展教育活动。

这句话说起来容易，但是做起来却是十分难的。在幼儿教育工作当中，因为幼儿年纪小，幼儿的自主意识薄弱，很多时候，幼儿教育工作者在面对幼儿的时候，容易被传统教育观念误导，试图将幼儿的思想、行为按照教师自己的主观意识来控制幼儿。具体表现为生硬地告诉幼儿问题的对错，以及幼儿生活中各种不许。这样造成的结果是幼儿一味地听从教师的指导，缺乏自己的主观能动性，幼儿的互动也被局限在一定的时间和范围内，同伴之间的交流合作相对而言也不会十分协调。所以，作为教师明确自己在幼儿教育工作中的角色地位就显得十分重要了。

那么，怎么才能更好地认识并理解教育工作者在工作当中的角色定位呢？

这其中最为主要的就是幼儿教育工作中的主体——幼儿。所谓“知己知彼方能百战不殆”，教师自己的角色定位首先就要求教师了解幼儿在教育活动的角色。

教师在认为幼儿有能力的时候，通常教师的表现就是将更多的时间和状况交给幼儿，也就是说更注重过程。相反，若是教师认为幼儿是没有能力的，那么在幼儿教育活动中，教师在其中的参与支配力度就会占据很大的比例，有可能这样的教育活动，得到的结果会更完美一些。但是，幼儿却在这一时期失去了一个积极的学习机会。

有一个小故事，曾有一位老师问小学生：“雪融化后变成什么？”一个小男孩抢先回答：“雪融化后变成水。”另一个小男孩想了想说：“雪融化后变成泥土。”有个调皮的小女孩则回答：“雪融化后变成春天。”

若是没有春天这个词，其实这三个孩子给的答案都是正确的，但是这三种答案的本质是不一样的。第一种答案是最直观直接的，大众都能想到也能知道的，是绝对错不了的。第二种答案有它的特定性，雪下的地方得有泥土。第三种答案是一种广义，带有创造性的回答，春天来了，冰雪融化，在所有的冰雪都在融化的时候春天也来了，这样的答案说来也不算错，虽然冬天雪也会在放晴的时候融化。

这三种截然不同的结果告诉我们，孩子的能动性其实还是超乎我们想象的。就是我们大人自己也不能想到冰雪融化后成了春天这个答案来。同样判定这三种答案的结果，其实最终的决定权还是在教师的身上。这就要求教师对待幼儿群体时，要有正确的、积极的态度引导。

那么，幼儿到底有没有能力呢？

一般情况下，3 岁以上的幼儿才会进入幼儿园开始幼儿园生活。幼儿在这一时期对新鲜的事物、情景和新的问题有浓厚的兴趣，能以认真的态度对待成人教他做的事，并且有试着做的愿望。这些能力的发展是这一时期幼儿接受教育的最好条件。这一时期的幼儿社会性交往关系已不限于母亲和亲人之间，而是扩展到和同伴的关系上，他们很愿意和伙伴在一起玩，也愿意管别人的事了。

大量观察研究发现，这一时期的幼儿总是先做后想或是边做边想，而不能做到想好后再做。听故事时，喜欢伴有动作表演，边看边演，边看边听，这些特征都是思维活动与动作不能分离的表现。这一期时期的幼儿已经具备了听、说、读，还有简单的动手能力，这些能力随着不断地探索学习，然后一步步增强。

教师需要注意的就是首先了解这一期幼儿发展状态，然后认识到幼儿是互动学习主体，而且还是能懂的主体，他们是有能力通过自身的多种活动获得发展，也必须通过驾驭活动中的探索、游戏、交往、操作等主题性活动获得真正的发展和进步。

只有教师认为幼儿是聪明的、有能力的、能动的、有自己的思维的，教师才能蹲下或者坐下和幼儿保持同一水平的高度，才能重视、欣赏幼儿的言语和行为，才能更准确地发现幼儿的需要，从幼儿出发支持幼儿成为活动的主体、促进幼儿的自我发展。

教师在教学活动中可以经常在行为上先和幼儿保持同样的高度。比如说，在说话的时候蹲下直视幼儿，让幼儿自己感觉到被重视，从而建立幼儿自信心，拉近幼儿和教师之间的关系，让教师能更清楚地了解幼儿语言行为能力。

其次，在幼儿教育活动中，从幼儿的需要和兴趣出发，设计与指导活动，要允许幼儿自由选择和自有探索，唯有创造有助于他们自身发挥的能动性和创造性的环境，让教育主体的价值的体现必须服务于幼儿的主体价值。另外，尊重幼儿的主体地位，相信幼儿的能动性，而不是放纵幼儿的自由活动，忽视了教师本身的引导作用。

幼儿能否成为活动的主体，积极有效的师幼互动能否建立，幼儿教师的行为是关键。

1. 教师是幼儿学习的支持

教师要成为幼儿学习的支持者包含两方面：一方面是物质基础，也就是说，教师在幼儿教育工作中为幼儿创造丰富的物质环境，针对幼儿的兴趣和需要设计不同的活动场景，为幼儿准备充分的教育资源。另一方面是精神支持，这一方面主要表现在对幼儿的关怀，让幼儿在幼儿园的生活中体验到爱的关怀，让幼儿有一种放松的精神状态。同时，教师在对待幼儿的时候给予足够的尊重，对幼儿自发的探究发现活动、新奇的想法表示支持、鼓励和肯定，幼儿若是遇到问题或者困难，教师及时给出帮助，对于幼儿的一些表现，教师能敏锐地发现其闪光点，并做出鼓励。

2. 教师是幼儿学习的合作者

教师要成为幼儿的合作者就是要求幼儿以“合作伙伴”的身份参与到幼儿的学习活动中去，共同促进学习活动的发展和提高。教师成为幼儿的合作者就是要教师把自己和幼儿放到同等的位置中去，在幼儿教学活动中和幼儿一起参与，幼儿不是被动地接受、或者顺着教师提供的思路去思考问题，而是有自己的主动性与创造性，同时也让教师更好地发现幼儿的特点，欣赏幼儿，让教师和幼儿都在共同的活动中产生情感共鸣，分享合作带来的乐趣。

3. 教师是幼儿学习的引导者

教师是幼儿学习的引导者也就是说教师以教育目标为指导，指导幼儿不断朝教育预期的目标发展。引导是教师教育在活动中发挥的比较重要能力，也是教师本职工作的一种突出体现。

教师在引导的时候要注意因人而异，因材施教。也就是说，教师对幼儿要多观察，多发现，只有对幼儿有更多地了解，才能

更好地去启发、引导幼儿的发展。在了解幼儿情况的同时，教师对幼儿的语言行为作出有效判断，找出与幼儿相关的联系，引导幼儿朝着积极目标的方向发展。在引导的过程将支持、合作相互联系，相互融合贯通，让幼儿在教育活动中得到整体的发展和提高。

在幼儿教学活动主要以互动为主，不同的情况、不同的对象、不同的情境，教师会遇到不同的问题和情况，对待幼儿需要一定的耐心、爱心、恒心、积极发挥自己的主导作用，以宽松、开放的心态，平等、真诚地与幼儿交往，适时地鼓励支持幼儿，使幼儿全身心得到和谐发展。

第二节 与同事合作共同促进班级发展

独木不成林，向来是“众人拾柴火焰高”。尤其是幼儿教育工作中，因为幼儿年龄小，自主能力和自我意识相对薄弱，需要更多地照顾和关怀。这就是说，幼儿的教育工作不是哪一个教师能独立完成的。

班级管理活动中，教师不同的能力在教育工作中所发挥的作用也不一样，充分了解自身的能力，积极地运用到幼儿活动的互动中，这样才能让幼儿教育工作相对而言更有效率。

在一个班级中有班主任、配班教师以及保育员三名老师，这三者之间的关系如何，很大程度上决定了这个班级是否成为一个优秀的班级。在这个群体中，三名教师只有具备和谐友好的人际关系，相互关爱，遇到什么问题都做到及时沟通，才能为塑造一个优秀的班级做好铺垫。

尺有所长、寸有所短，在教学中，为了更好的促进幼儿的发展，教师都应相互学习，取长补短。一般每个班配的保育员会要求在做事情的时候耐心细致，带班的教师需要各项技能扎实等，不同的教师不同的要求也存在幼儿教学活动的不同方面，而幼儿园的教学活动，这些不同的方面都是幼儿活动的重要组成部分。

幼儿教师只有相互配合，才能增强班级的管理能力：

1. 沟通

幼儿教育活动是一项集体活动，通常参与集体活动的前提就是做好计划安排，这样才能使之后的班级活动更为有序地完成。怎么做好计划安排并落实计划安排，这其中一项比较重要的前提工作就是沟通。例如，教师们可以每个月初都召开一次班务会，教师一起讨论本月的工作计划，不管是教学还是保育，都统筹意见，共同制定出相应的实施措施。同时在班级的日常管理工作中采取分工不分家的方法来管理班级，针对突发性的问题都在空闲时间进行及时地探讨，共同寻求解决的方法。

2. 友善

友善是每个人生活中都必须具备的一种基本品质，与人为善也是与己方便。尤其是在幼儿教学活动中，因为幼儿年龄相对较小，幼儿活动中各种琐碎状况层出不跌，在这样的情况下，就要求教师相互配合，在一个教师忙不过来的时候，其他的教师在不影响自己的本职工作前提下帮助同事。

在生活中，同事之间彼此真诚对待，互相关心，为彼此解决生活中遇到的难题，在良好的工作氛围当中，教师工作积极性都特别高涨，心情也十分愉悦。

3. 分析

幼儿群体的特征造就了幼儿教学活动中的复杂性，幼儿的教育活动是有特色的教学活动，也就是说，教师在进行组织班级活动，做好班级管理的时候，需要有针对性、有目的性地去开展，这就要求教师们在教学活动中对教学中的问题做一些分析，对幼儿的情况做一些探讨。之后，教师根据分析结果制定相应的目标并围绕这个目标进行探讨，设计出适合的教学计划。

4. 反思

很多时候，计划在实施的时候并不一定就是顺利的，教学活动难免会遇到一些意外。这个时候就要教师们反思，认识到工作中的问题，并且一起分析问题出现的原因和解决办法，共同积累工作经验。

教师之间的工作要做到充分发挥自己的长处，取长补短，在教学活动中，分工明确，将工作做到细致化，让教学活动能更加完善；同时需注意，分工明确不表示就是大家各干各的。教师个人来说要做好自己的本职工作，整体来说，班级是一个集体，班级的很多工作都要是教师们一起共同完成，之所以要细分，是为了更好更有调理地将事情完成。在遇到特殊情况的时候，教师之

间要相互体谅、互帮互助，共同创造一个良好的工作氛围，从而使教师在工作当中保持心情愉悦，更好地融入到工作当中去。

第三节 为幼儿提供适合的教育计划

素质教育一直以来都被在倡导，素质教育的观念也逐渐深入人心，国际化的教育也在逐渐地普及，这样的情况下出现了很多不同的教育思想。

但是，选择什么样的教育思想其实最终的决定是要根据幼儿的实际情况出发的。尤其是幼儿阶段，差异化很严重。例如，托班和小班的幼儿看着年龄差异不是特别大，但是在生活中表现出来的能力差距还是有很大的，再比如，幼儿期间，男女孩的生长发育也存在一定明显的差异化，这就要求我们在制定幼儿教育计划的时候，从实际出发，根据幼儿的特点，制定出符合幼儿特点，适合幼儿发展的计划。

在制定班级计划的时候，小班的情况较为特殊。小班的幼儿中会存在一部分完全没有上过托班的。在这种情况下制定本班工作计划的时候，主要负责教师需要了解这一时期幼儿的特点，针对特点制定计划，同时，和其他教师之间相互相交流。

在班级幼儿的生活中，大家共同观察了解幼儿，将幼儿的个体特点总结交流出来，主要负责人制定初步计划，之后和其他教师们一起探讨，并列举出一些突发情况的防范措施，交流处理幼儿教学活动中的问题经验，进一步完善之后的教育工作。

另外一方面就是小班的幼儿和教师有了一个较长时间的熟悉过程。在这样的情况下，相对而言，计划就要比幼儿园其他年龄段更加细致。根据幼儿的整体特征制定相关的计划，如班级的幼儿安静者居多的话，这个时候就要积极地培养幼儿的积极主动性，制定的计划中要有较多的氛围活动，将班级的气氛带动起来。如性格活泼的孩子居多的话，就可以多安排绘本、拼装等游戏活动，让孩子能安静下来。

除了整体计划之外，教师对于周计划、日计划的安排，如教学对象、教学方案设计、教学方式选择、教学材料准备、教学环境创设、教学过程中的突发事件等。这些计划都是具体性的，这就对教师全面了解幼儿有一个相对较高的要求。

良好的开端是成功的一半，将这些准备工作做好之后能更好地促进幼儿的发展，达到教育教学的效果。

1. 观察

在制定幼儿教育计划的时候，幼儿教师要观察，留意幼儿生活的一些细节，从这些细节当中，才能更好地解决实际工作当中的问题，同时通过这些细致的观察，也可以让教师发现幼儿在活动中的一切具体特点，从而使我们对幼儿有一个比较全面的了解。

通过对幼儿的实际生活观察，教师可以更加了解幼儿，更好地促进幼儿发展，同时，教师对幼儿的观察留意也是对幼儿的一种尊重，这种氛围下能让幼儿教师保持良好的关系。

2. 重视

组织活动时要重视幼儿的兴趣。兴趣是幼儿进行主动学习和探究的前提。无论是生成的活动还是预设的活动，教师都要重视幼儿的探究兴趣和积极性。就生成的活动而言，由于这类活动源于幼儿的兴趣与需要，幼儿往往具有学习和探究的积极性，因此教师的主要任务在于保持幼儿的探究兴趣。

一般来说，常用的方式有：创设问题情景、鼓励幼儿探究和发现问题、用相关的故事引发幼儿思考发现问题等。教师还要了解幼儿的年龄特点和经验水平，并具有较高的教育教学能力，这对教师来说是一个比较大的挑战。教师需要不断探索、不断实践，需要在教的过程中提高认识，积累经验，充实自己。

3. 总结

一方面，每一次活动对于教师来说这是一个不断积累教学经验的过程。通过教师之间的总结交流，教师不仅能认识到工作中自己的问题，还能在经验中更好地去完善接下来的教学工作。另一方面，活动结束之后，幼儿和教师之间的互动，能让幼儿在加

深对活动的印象之外，更加能体现教师对幼儿的教育的引导作用。同时，总结交流有助于幼儿和幼儿之间、幼儿和教师之间建立融洽的关系。

第四节 给幼儿提供细致的生活照顾

幼儿教师的工作职责是指幼儿教师在工作中所要负责的工作范围以及所要承担的相应责任，也包括要达成的效果。按照幼儿园的工作性质和幼儿的年龄特点，在幼儿园的班级管理当中，幼儿教师的工作职责可以分为生活管理、教学管理和家园管理三个方面。

生活教师管理主要是对幼儿在幼儿园的生活指导而管理，包括来园、进餐、睡觉、吃饭、如厕、喝水、离园等。其中，入园和离园一般情况下是幼儿园的许多工作者共同参与的，其他的内容更多的则是生活教师的职责。

怎样做好这一项工作任务？这就要求生活教师明确自己的工作职责。

1. 生活教师的职责

（1）负责本班房舍、设备、环境的清洁卫生工作，配合教师对幼儿进行教育，培养幼儿良好的生活、卫生习惯。

（2）执行“职业道德规范”，为人师表、仪表端庄、作风文明、态度和蔼可亲，为幼儿创造良好的精神环境。

（3）管理好幼儿生活，做好幼儿的生活护理工作。如：照顾幼儿进餐、大小便、盥洗、喝水、观察幼儿的情绪、体温，发现问题及时与保健员联系。

（4）遵守卫生健康制度、消毒制度、安全制度，保持用具清洁整齐。在保健员的指导下，做好幼儿的卫生保健工作，负责体弱儿、肥胖儿的管理工作。

（5）配合本班教师做好各项教育活动的准备工作及配合教师组织教育活动，并配合本班教师制作玩教具。

（6）认真执行幼儿一日生活制度、作息制度，指导幼儿值日工作，培养幼儿良好的生活习惯和能力。

（7）努力钻研业务、改进工作，提高工作能力和水平，团结其他同事共同做好工作。

（8）完成临时顶班和园长临时交办的各项工作。

（9）严格执行幼儿园各项规章制度，服从分工。

（10）管理幼儿生活，并配合教师组织教育活动，耐心照顾幼儿，注意玩具安全，避免摔、碰伤等事故发生。

（11）按时上班，开好门窗，抹好桌椅、窗柜，保持室内空气流通，桌椅排列整齐，窗子明亮无痕迹，下班时关锁好所有门窗。

（12）执行卫生保健制度，室内卫生每天一扫，打扫前要洒水，扫完关好门窗，室外走廊、楼梯随时保持清洁，做到地面无纸屑，天花板无蜘蛛，水沟畅通。

（13）毛巾需每天清洗干净，各班茶杯每天一清，提开水的桶子和水壶每周里外洗一次，每天按时提好开水，点心，不留隔夜茶。

（15）执行安全制度，做好幼儿的生活管理和卫生保健工作。根据天气变化，及时为幼儿增减被褥，午睡时多加巡视，注意纠正幼儿的不良睡姿，及时解尿、抹汗和盖被。

（16）每天及时统计幼儿人数。

（17）观察幼儿情绪、食欲、睡眠及大小便情况并做好记录，发现病情及时报告医务人员。班上发现有传染病要及时对玩具、被褥、用具进行消毒，对体弱幼儿要作特殊照顾。

生活教师除过这些基本工作外还要配合班主任、任课教师全面负责幼儿的保育工作。其基本职责是：

1. 帮助班主任开展德育工作。

2. 严格执行生活指导教师的工作规程，熟悉、指导和帮助幼儿一日生活起居，注重幼儿的个人卫生，培养幼儿的良好卫生习惯，逐步提高幼儿基本的生活自理能力。

3. 与班主任、任课教师团结协作，正确教育和帮助幼儿养成良好的行为习惯和学习习惯。

4. 认真做好幼儿的安全、保健工作，杜绝和避免传染性疾病

的发生，做好幼儿园的预防工作。

5. 组织并指导幼儿文明就餐，对挑食、偏食的幼儿给予更细微的照顾，引导幼儿改正不良的进餐习惯。

6. 对幼儿和蔼可亲，严禁训斥、体罚幼儿。

7. 做好与班主任、任课教师的工作交接，并及时做好记录，做到全面了解每一个幼儿。

8. 按规定填写“保育员工作计划”，每周交一篇生活日志。

9. 完成幼儿园分配的各项工作。

生活老师在履行自己的职责的同时，最主要的还是帮助幼儿自己养成独立自主的生活习惯。

具体可以从以下几点出发：

1. 幼儿自己能够完成的事情让孩子自己完成

幼儿力所能及的事情应尽最大努力给幼儿机会让他们自己去完成，例如穿脱简单的衣、裤、鞋、袜。完成简单的劳动，如自己把桌椅摆放整齐、擦桌子、扔垃圾等。在幼儿力所能及的行动中培养生活自理能力。

2. 积极引导孩子，激发孩子的兴趣，让孩子自觉地学习自理。

这就要求生活教师在生活中处处做好表率和引导作用。例如，教师在帮助幼儿取食物的时候先洗手，教师可以在做这一项工作当中边说给幼儿听，让幼儿在脑中形成一个基本印象，在这样印

象和示范的双重促动下，幼儿便会自主地模仿学习。

3. **贵在坚持，养成习惯。**

所谓“教之道，贵以专。”就是说教育方法，应注重在使幼专心，有定力。无论培养幼儿哪一方面的行为习惯，老师所要做到的就是坚持。首先，应该让幼儿知道无论做什么都要坚持，要养成良好的习惯，靠三分钟热度是不够的。其次，在日常生活中做到持之以恒，不能今天让幼儿去做有些事，明天由于某些原因就不再坚持了。这样不仅不能达到预期的效果，而且会使幼儿养成浮躁的性格。只有在日常生活中真正让幼儿坚持做某些事，时间久了，不用老师提醒，幼儿就会自觉地去完成他们自己该完成的事情。

在培养孩子自理能力的过程中，使用的方法也很重要，好的方法可以达到事半功倍的效果，在日常生活中主要运用以下几种方法：

1. **讲解法**

这是最基本的方法。例如，在教幼儿学习折被子的时候，就先利用毛巾，教他们折被子的几个对折步骤，再具体操作示范，便可以化难为易，使他们快速掌握方法。

2. **竞赛法**

鼓励幼儿在生活自理方面与同伴比赛，可以增加他们的操作兴趣和速度。这种方法在两个寝室之间的竞赛中，效果会更明显。

幼儿虽然年纪小，但他们也是很有集体荣誉感的。

3. 暗示法

在幼儿独立自理能力培养过程中，多用鼓励夸奖的语言，爱护的动作来肯定他们的每一点进步。幼儿的自理能力参差不齐，存在个体差异。能力较弱的幼儿，对他们只有多纵向比较，哪怕只是细微的进步，都要肯定他们、鼓励他们，增强他们的上进心和自信心，到期末的时候他们会进步很多的。

4. 熏陶法

在自理习惯培养过程中，应充分利用集体环境，以及幼儿之间的互动达到教育的目的，使他们在独立自理的氛围中培养习惯。

幼儿自理能力的培养不是一次两次的教育就能奏效的，这是一个漫长的过程。作为生活教师，更多的是要引导幼儿去做，给幼儿创造锻炼的机会，在此基础上施以言传身教，辅以耐心细致，因材施教，最后一定能把幼儿培养成具有较强自理能力的人。

第五节 与幼儿家长建立良好的关系

幼儿教育工作中很多都是需要家长配合的，这个就需要家长和教师达成共识，相互理解。教师和家长最好的关系也就是合作伙伴的关系，这样的关系对幼儿，对幼儿教学活动是最为有利的。家长和教师保持亲密的合作关系，在对待幼儿的问题的时候保持思想上的统一，形成对等的关系，在各自不同的领域去帮助引导幼儿，从而使幼儿得到更好的发展。

家长在对待教育的问题上相对而言没有进行过系统教育以及拥有丰富教学经验的教师有经验，很多家长在教育方面的概念其实是很模糊的。所以，教师要增强和家长建立亲密的合作关系就要求教师主动采取行动，这样才能积极主动地和更多的家长成为合作伙伴。

家长和教师因为本身的一些客观因素，对幼儿的看法和了解都是不一样的。从家长这方面来说，幼儿从小和家长生活在一起，和家长有血脉之亲，使得家长才是最了解孩子的。但是，这中间又存在一个问题，家长因为和幼儿从小生活在一起，日常距离非常近，很多时候都会有一种当局者状态。有些时候对幼儿的问题不能及时发现，同时因为血脉之亲的关系，家长在看待幼儿的时候比较感情化。教师在这一方面却不同，教师能更客观、更理性地看待幼儿，但是弱点是对幼儿的了解没有家长的细致。所以，家长和教师的相互合作其实就是一个相互配合，取长补短的过程。

除此之外，因为人是有感情的，有情绪的。很多时候，在不同的场合，人的表现是不一样的。比如说有的幼儿在公众场合相对安静，但是在父母跟前却是很活泼。

因此，根据这些情况，家长和教师建立良好的关系是十分有必要的。做到和家长建立良好的关系需要做到以下几点：

1. 态度

都说态度决定一切，你给别人的态度是什么样的，你得到的就是什么态度。教师在和家长互动的过程当中，教师和家长要快速融为一体。比如说家长在做什么的时候教师一起做；或者说家长会的时候，大家是围坐在一起，让家长感受到你们是伙伴的关系。

2. 所有的活动都要带着“伙伴关系”的态度进行

要对家长做出试探性的陈述，“你们会做什么吗？”“你们对

这件事的做法认同吗？”因为家长的教育风格和教师很多时候还是不能同步的，这就表示，很有可能家长和教师会因为幼儿的问题发生一些冲突，这个时候作为教师最主要的就是要保持冷静，和家长沟通，将最初的冲突转移到幼儿教育的根本问题上，因为家长和教师虽然立场不一定完全相同，但是却都是有一个共同的目标，希望幼儿得到更好的发展。

3. 和家长经常沟通

了解家长的担忧和目标，教师可以在家长会提出一些关于幼儿的问题的时候，通过自己的教学经验给家长一些简易、拉近教师和家长距离的方法。同时，教师也告诉家长自己的目标，这样的沟通加深了双方对幼儿的了解，也让家长和幼儿教师之间多了一些理解，有助于之后的教学活动开展。

4. 与家长保持积极的关系。

这对幼儿的成长是十分重要的，多尝试和家长沟通，了解幼儿的同时，对家长也有一个初步的了解。这样，在教师之后和家长的沟通就会变得容易些。通过和家长之间的沟通了解孩子，对于不同的幼儿进行个别化的互动，全面促进幼儿的整体发展。

第七章

保育为先，尊重幼儿生命

第一节 做好四季交替时的保育工作

幼儿初上幼儿园的时候正是刚刚由夏季转到秋季的时候，四季交替，幼儿身体状况需要教师们格外关注。在这个时期，教师需要准备以下工作：

1. 入园、离园的准备工作

（1）做好开窗、通风、换气、采光、保持室内卫生、消毒、供水等准备工作。

（2）稳定幼儿情绪，提醒幼儿有礼貌地向老师和小朋友问好、告别。

（3）对幼儿进行晨检（摸摸额头、看看眼睛、照照喉咙、查查指甲和口袋），发现异常情况及时处理。如：发烧、传染病或携带不安全的玩具等。

（4）保健医生应清楚掌握需要服药的幼儿和服药时间。

（5）认真履行幼儿交接手续，热情主动、有针对性地向家长了解幼儿在家情况，介绍幼儿在园情况。

（6）离园时提醒幼儿检查自己的衣物，观察幼儿服装穿戴是否整齐，并适时给以整理。

（7）收拾好活动室，做好幼儿离园的结束工作。如：关好门、窗、水、电等。

2. 晨间活动和户外锻炼活动

（1）活动前为幼儿做好器械的准备和场地的布置，组织安排并分发活动器具，检查各类器具的安全性。活动后师生共同整理器械和场地。

（2）检查幼儿衣服、鞋带等。活动中注意观察并及时为幼儿增减衣物。

（3）教师充分熟悉锻炼活动内容，积极参与幼儿活动，对幼儿锻炼活动进行有目的地组织指导，并做好个别幼儿辅导工作。并注意调整活动时间及活动量。

（4）有多个班级共同活动时，保教人员要分四角站立观察，保证每个幼儿都在教师的视线范围内锻炼，严禁聚集聊天；及时发现并排除不安全因素。

（5）进行必要的观察记录，不断积累幼儿活动资料。

（6）活动结束回教室后教师督促幼儿及时洗手，要求幼儿小口喝水以补充水分。

3. 早操

（1）教师、保育员同时出操。教师负责组织、领操、观察幼儿的情绪及做操情况，保育员负责观察幼儿，关注个别幼儿做操情况，协助教师组织管理。

（2）保教人员着装要整齐、雅观，精神要饱满。

（3）领操动作要有力到位。

4. 游戏、区域活动

根据主题及幼儿的兴趣，创设丰富多样的区角，准备的游戏材料和玩具要安全无毒、清洁卫生。教师要和幼儿一起布置区域环境，并根据幼儿发展状况，及时撤换、增补、更新活动材料，并保管好撤换的环境材料以备延用，尽可能探究和发掘游戏材料所具有的多方面教育功能，了解、掌握各种材料的多样化玩法，依据主题适时调整活动区域。

5. 注重培养良好的卫生习惯

（1）饭前便后洗手，手脏随时洗。教育幼儿节约用水。

（2）教会幼儿正确使用手巾擦汗、用面巾纸擦鼻涕的方法，并将废纸扔入垃圾桶内。

（3）每天午睡起床后给幼儿梳理头发，每周提醒幼儿请父母定时修剪指甲并洗净。

（4）做到幼儿用品（茶杯、点心盆、毛巾等）洗净、消毒并按时更换。

（5）保持卫生间地面干燥。

（6）逐渐培养幼儿定时大便和大便后用肥皂洗手的习惯，并随时提醒、检查。

6. 就餐（点心）

（1）进餐前半后小时让幼儿停止较剧烈的或情绪过于激烈的活动。

（2）擦净并消毒餐桌，准备餐具，组织指导值日生领取和分发食物。保育员拿餐具时须带手套，分发食物必须戴口罩。

（3）组织洗净手的幼儿入座就餐，创造愉快安静的就餐气氛、环境，使幼儿文明愉快地进餐。

（4）对于挑食的幼儿给予帮助，养成幼儿从小不偏食的好习惯。

（5）对于能力弱的幼儿给予帮助，并逐渐培养这些幼儿独立进餐，不依赖老师喂。

（6）准备好温毛巾，督促幼儿饭后洗手。

（7）收拾餐桌，送回餐具，清扫地面。

7. 午睡

（1）创设宁静、舒适、安全、卫生、通气、光弱的午睡环境，做好防寒避暑工作。

寒冷天气睡时适当开窗保持空气流通、睡前睡后通风，夏季幼儿熟睡时，电扇只开弱档、注意空调温度和室外温度相差别太

大（控制在3-8度以内，一般在26度左右比较合适）。

（2）教会幼儿有序脱衣、穿衣的方法。将脱换下的衣物进行折叠，根据季节变化提醒并帮助幼儿脱去合适的外衣外套，教育幼儿穿着袜子不在地上行走。

（3）幼儿必须盖自己的被子，并相对固定床位，以防疾病的交叉感染。

（4）提醒幼儿按时午睡，养成良好的睡眠习惯，加强巡视，随时关注幼儿的状况，观察幼儿的面色、呼吸，纠正不良睡姿，帮助幼儿盖好被，发现异常情况要及时处理。

（5）允许幼儿按需随时大小便，对大小便解在身上的幼儿，保教人员要及时给予擦洗干净并注意心理安慰。

（6）体弱、患病幼儿要重点照顾，避免直接吹风。

（7）中午值班时不吃零食，不午睡，不离岗，不大声讲话。

（8）起床后，指导、帮助幼儿整理被子，避免被子碰到地面。

（9）指导、帮助幼儿整理仪表。

（10）经常为幼儿晒被子、鞋子，按时用紫外线消毒午睡室。并做好消毒记录。利用幼儿睡眠时间，检查幼儿服装及鞋袜，缝缀脱落纽扣及破洞，做好值班记录。

8. 生活习惯

每天保证供应充足的温度适中的开水，每天起床后、课间、运动后提醒幼儿饮水，培养幼儿自觉饮水的习惯。

9. 特殊情况

针对一些容易高发的传染性疾病提醒家长和幼儿一起做好预防工作。

第二节 实施安全教育

幼儿身体的各个器官系统尚处于不断发育的过程中，其机体组织比较柔嫩，发育不够完善，机体易受损伤，易感染各种疾病。同时，幼儿的认知水平较低，缺乏自我保护意识，不知道哪些事能做，哪些事不能做，且他们又活泼好动，因此，极易发生意外伤害事故。所以，对幼儿进行初步的安全知识教育和安全自救技能培养极为重要。

对幼儿进行安全教育，必须根据幼儿的身心发展水平和特点来进行。在教育方法上，老师和家长师可采取示范与讲解相结合，以及游戏的方式，从正面引导和随时进行教育，让孩子能够安全度过童年。对孩子进行的安全教育，大致包括以下几个方面：

1. 交通安全教育

据有关部门统计，全国交通事故平均每 50 秒发生一起，平均每 2 分 40 秒就会有一个人丧生于车祸。更让人痛心的是因交通事故死亡的少年儿童占全年交通事故死亡的 10%，且有呈逐年上升的趋势。因此，对幼儿进行交通安全教育不容忽视。

（1）了解基本的交通规则，如“红灯停、绿灯行”，行人走人行道，上街走路靠右行，不要在马路上踢球、玩滑板车、奔跑、做游戏，不横穿马路等。

（2）认识交通标记，如红绿灯、人行横道线等，并且知道这些交通标记的意义和作用。

（3）教育幼儿从小要有交通安全意识，养成遵守交通规则的良好习惯。

（4）幼儿外出时家长一定要看护好。

2. 消防安全教育

火灾的发生是现实生活中最常见、最突出、危害最大的一种灾难，是直接关系到生命安全、财产安全的大问题，所以，本着对社会，对公众负责任的态度，明确责任，狠抓落实。时刻做到居安思危，警钟长鸣，防患于未然。

加强消防常识的学习，火魔无情，当被困在火场内生命受到威胁时，在等待消防救助的时间里，如果能利用地形或身边的物体采取有效的自救措施，就可以让自己的命运由“被动”转化为“主动”，为生命赢得更多的“生机”。

（1）要让幼儿懂得玩火的危险性。

（2）让幼儿掌握简单的自救技能。如教育幼儿一旦发生火灾要马上逃离火灾现场，并及时告诉附近的成人。当发生火灾，自己被烟雾包围时，要用防烟口罩或干、湿毛巾捂住口鼻，并立即趴在地上，在烟雾下面匍匐前进。

（3）带幼儿参观消防队，看消防队员的演习，请消防队员介绍火灾的形成原因、消防车的作用、灭火器的使用方法及使用时应注意的事项等。

（4）进行火灾疏散演习，事先确定各班安全疏散的路线，让幼儿熟悉幼儿园的各个通道，以便在发生火灾时，能在教师的指挥下统一行动，安全疏散，迅速离开火灾现场。

3. 食品卫生安全教育

幼儿园除了要把好食品采购、储藏、烹饪等方面的卫生关外，还必须教育孩子不吃腐烂的、有异味的食物。

幼儿在幼儿园误食有毒有害物质的情况多种多样，如园内投放的各种花花绿绿的毒鼠药，因教职工工作失误而误放在饮料瓶中的消毒药水等，都可能被孩子误食。因此，在平时要教育幼儿不随便捡食和饮用不明物质。

另外，目前幼儿服用的药大多外观漂亮，口感好，深受幼儿“喜欢”，有的幼儿甚至把药品当零食吃。因此，要教育幼儿不能随便吃药，一旦要服药，一定要按医生的吩咐在成人的指导下服用。

饮食安全教育的另一方面是饮食习惯的培养。如教育孩子在进食热汤或喝开水时必须先吹一吹，以免烫伤；吃鱼时，要把鱼

刺挑干净，以免鱼刺卡在喉咙里；进食时不嘻笑打闹，以免食物进入气管等。

4. 防触电，防溺水教育

触电是日常生活中比较常见的意外伤害，儿童因触电而死亡人数占儿童意外死亡总人数的10.6%。对幼儿进行防触电教育，首先要告诉幼儿，电器、电源的构造，什么地方能动，什么地方不能动，家人不在时不要动电器、电线，更不能随便玩电器。同时不拉电线，不用剪刀剪电线，不用小刀刻划电线，不将铁丝等插到电源插座里等。其次，要告诉孩子，一旦发生触电事故，不能用手去拉触电的孩子，而应及时切断电源，或者用干燥的竹竿等不导电的东西挑开电线。

溺水在少年儿童意外死亡中所占比例很大。对幼儿进行防溺水教育，一是要告诉他们不能私自到河边玩耍；二是不能将脸闷入水中；三是不能私自到河里游泳；四是当同伴失足落水时，要及时就近叫成人来救。

5. 幼儿园玩具安全教育

游戏是幼儿的天性，玩具是幼儿的最爱。幼儿在幼儿园的一日生活中，几乎有一半时间是在和玩具打交道。因此，对幼儿进行玩具安全教育十分重要。

幼儿玩不同的玩具，应有不同的安全要求。如玩大型玩具滑梯时，要教育他们不拥挤，前面的人还没滑到底，没离开时，后

面的人不能往下滑。活动中，让幼儿了解不能拿玩具和同伴打闹，更不能抓、咬、打同伴；不能从太高的地方往下跳，更不能从运动中的器材上往下跳。在运动或游戏时应听老师的安排，遵守纪律，有序活动，避免互相追打、乱跑碰撞。玩秋千时，要注意坐稳，双手拉紧两边的秋千绳。玩跷跷板时，除了要坐稳，还要双手抓紧扶手。玩游戏棍时，不得用棍去打其他伙伴。

6. 幼儿生活安全教育

这一类的安全教育，必须家园配合同步进行。教师要让家长了解生活中有哪些安全隐患，以及应如何教育幼儿规避这些问题。

家长带领幼儿进行户外活动时，应教育他们不随身携带锐利的器具，如小剪刀等。在运动和游戏时要有秩序，不拥挤推撞。在没有成人看护时，不能从高处往下跳或从低处往上蹦，不爬树、爬墙、爬窗台。不从楼梯扶手往下滑，上下楼梯要靠右边走，不推挤。乘车时不在车上来回走动，手和头不伸出窗外。不轻信陌生人的话，未经允许不跟陌生人走，更不要让陌生人碰自己的身体。到野外旅行或散步时不得随便采摘花果、抓捕昆虫，更不应该放入口内，以防意外。在户外活动时，教育幼儿要远离变压器、建筑工地等危险的地方。打雷闪电时不站在大树底下。幼儿应该知道家长姓名、单位、家庭住址、电话，会表达清楚，紧急情况知道如何保护自己。

在家中，家长应告诉幼儿，当他独自在家，有陌生人叫门时，不随便开门。不随意开启家中电器，特别是电熨斗、电取暖器等；

不玩弄电线与插座。幼儿在家不自己动手反锁门，不玩煤气、炉火、火机、开水壶、饮水机、药品等危险物品。推门时要推门框，不推玻璃，手不能放在门缝里。

7. 自然灾害自救教育

这一类的安全教育要求幼儿园应该反复练习，家长反复重申。当地震、洪水、泥石流、台风、海啸、雷电、浓雾、冰雹等自然灾害发生时，幼儿应该如果应对、自救？

地震时应就近躲避，震后迅速听从指挥，撤离到安全地方。避震应选择室内结实、能掩护身体的物体下（旁）、易于形成三角空间的地方，开间小、有支撑的地方，室外开阔、安全的地方。

洪水到来时，要就近迅速向山坡、高地、楼房、避洪台等地转移，或者立即爬上屋顶、楼房高层、大树、高墙等高的地方暂避。

在雷雨天，人应尽量留在室内，不要外出，关闭门窗，防止球行闪电穿堂入室，尽量不要靠近门窗、炉子、暖气炉等金属的部位，也不要赤脚站在泥地或水泥地上，脚下最好垫有不导电的物品，或坐在木椅子上。在外不要在孤立的大树、高塔、电线杆下避雨。

冰雹来时尽量不要外出，不得已要出门时，应注意保护头、面部。

幼儿的安全教育形式多种多样，但不管采取哪种形式，都必须将安全教育渗透在一日生活的各个环节。在幼儿园和家长共同配合下，让孩子树立起安全意识，达到安全教育的目的。

【活动参考】

运动安全我知道

【活动形式】

集体、区域、日常

【重点领域】

社会、健康、语言、艺术、科学

【活动目标】

1. 知道在户外活动中要注意安全，游戏时不做危险的动作，并掌握一定的自保技巧

2. 遵守团体游戏规则

【活动准备】

1. 挂图 :《运动安全我知道》

2. 学习单 : 我会做

【活动过程】

1. 与幼儿一起看挂图《运动安全我知道》，并讨论玩游戏时的安全注意事项。

——玩沙时，怎样才不会将沙弄到身上、脸上？

——轻轻玩，不要站起来，不要用手把沙子扬起来……

——溜滑梯时，怎样才不会有危险？

——要排队，前面的小朋友滑时，不要拉他的衣服，要坐着

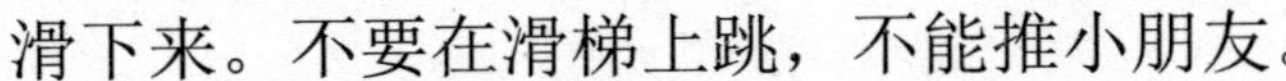

滑下来。不要在滑梯上跳，不能推小朋友。

——玩“抓人游戏”的时候呢？

——要注意身边有没有人，不要撞到其他的小朋友。

——玩跷跷板的时候呢？

——注意小脚要张开放，才不会被压到。

2. 请幼儿排队搭成小火车，一站一站地到刚刚讨论过的游戏设施，简单归纳一下经验，然后带幼儿进行活动。

3. 发放学习单《我会做》请幼儿回家完成。

结语

本书分别从语言、音乐、美术、舞蹈、游戏、手工等多方面进行阐述，每一项均以此技能与幼儿自身特点分析做开篇，接着指导幼儿教师如何在实际工作中运用这些教学技能。

不仅有对老师的理论教育，还附有特色教案。幼儿教师可以因地制宜地将书中的教案方法套用到现实教案的撰写中。

幼儿教育不是教师的一言堂，幼儿教师是幼儿教育的重要组成部分，因此幼儿教师应努力提高自身素质，以自己的能力为幼儿的全面发展奠定坚实的基础。

希望通过此书，不但可以提高幼儿教师的基本技能，还可以让教师意识到幼儿教师在课堂角色的转化的必要性，时时保持创新精神，面对现代教育的挑战。